ごあいさつ

刊行にあたって

JN080139

　本書には、「・・・・なる本」のタイトルが付いている。この「なる」という意志がプロフェッショナルには重要だと思います。仕事の理念や成果、果たした役割から呼称が成立したランドスケープアーキテクトの原点に立ち返り、日本で初めて誕生した国際標準のRLA資格制度を私たちは育てていきます。その活動の一つとして本書は編纂されました。公表済みの過去の試験問題などを綿密に分析した内容構成ですので極めて実践的で、受験に効果的な本であります。

　この二次試験受験用テキストでは、ランドスケープアーキテクトを名乗るにあたって究めておきたい専門技術の計画が前半に収められています。専門技術の深さがプロとしてのコミュニケーション力に及んでくるとしばしば思い知らされます。また、後半ではランドスケープデザインの要である設計を進めていくうえで必要な5項目にわたる専門知識と過去の問題解答を合わせて、勉強しやすいようにまとめています。

　ランドスケープアーキテクトになるには、知識とスキルが共に必要です。専門家の養成機関である大学などのカリキュラムに、講義と演習が組まれるのはそのためです。世界中の若人が各国で取り組んでいる国際標準の資格試験の枠組みをこの本を通じて知ることにより、プロの世界に飛び込む意志が固まることを期待します。

一般社団法人
ランドスケープアーキテクト連盟（JLAU）

会長　戸田芳樹

本書の目的

　　登録ランドスケープアーキテクト（Registered Landscape Architect, 略称ＲＬＡ）は、国土交通省の「公共工事に関する調査及び設計等の品質確保に資する技術者資格登録簿」に登録されています（令和3年2月10日 品確技資第115号）。それによりＲＬＡの活躍が増え、社会的な認知度が高まり、活動も増えつつあります。こうした状況において、本書はランドスケープアーキテクトに求められる知識や役割を二次試験の受験用テキストとしてわかりやすく紹介、解説することで、ランドスケープに関心を持つ多くの方々に、ＲＬＡまたはＲＬＡ補を目指す第一歩として活用いただくことを目的としています。

　　本書は、造園技術者はもとより、環境や空間デザインに関わりの深い都市計画、建築、土木の技術者、並びにそれらを目指す方々に発信し、より一層の潜在的なランドスケープアーキテクトの人材を掘り起こすことを視野に入れています。

　　本書は、次のような人を対象に考えています。

- ● これからランドスケープの世界に入ろうと思う人
- ● ランドスケープアーキテクチュアを学んでいる人
- ● 都市計画、建築、土木の分野であってもランドスケープに関連する技術を持つ、または目指す人
- ● ランドスケープ実務者で個々の知識や職能を向上させたい技術者
- ● 国内外でランドスケープアーキテクトとして活躍したい人

本書の構成

　ランドスケープアーキテクトが携わる仕事は、生きもの（植物、動物）・土・水などの自然の要素を素材として活用しつつ、人と自然の良好な関係を検討し、そのあるべき空間や環境を具現化していくものです。公有地・民有地を問わずほとんどの土地や空間が対象となり、関係する項目も地球温暖化防止、環境負荷軽減、自然環境保全、景観形成、歴史・文化保全、安全・安心の確保、地域活性化、観光・レクリエーション利用、コミュニティ形成、健康増進などの幅広い範囲が含まれます。

　そのため、RLAの二次試験は、これら広範囲にわたる専門知識と、その知識を総合的に用いて、プランニングや設計デザインへ昇華させる技術、能力が求められます。土地利用ダイアグラム、敷地計画による「計画実技」、造成・排水設計、植栽設計、詳細図による「設計実技」を問う内容となっています。

　本書は、二次試験のその1とその2に対応した構成になっています。

二次試験　その1

・土地利用ダイアグラム
　自然的な計画条件、人文的な計画条件などの把握／都市スケールの視点による構想立案／拠点・軸・ルートの設定／土地利用のゾーニング／良好な緑地環境の構想／計画趣旨の説明
・敷地計画
　現況植生、地形、隣地などの把握／諸施設に対する法制度の適用／良好な緑地環境の整備／動線計画／敷地ゾーニングの計画趣旨の説明

二次試験　その2

・造成・排水
　周辺を含めた等高線（高低差）の把握／排水経路の把握／排水方法の検討／法面勾配と施設・植栽の納まり、動線の調整／造成排水設計図の表現と作成
・植栽設計
　地域植生の把握／気候、土壌、排水などの条件整理／植物の生理的な特性の理解、植栽基盤の確保／支柱の選択／生育管理に配慮した修景技法の選択／植栽設計図の表現と作成／設計趣旨の説明
・詳細図
　安全性、経済性、修景を考慮した構造の提案／土壌、排水条件の把握／詳細設計図の表現と作成

　本書では、各章ごとに、(1)出題の傾向と対策、(2)問題解答の基本プロセス、(3)基礎知識を簡潔にまとめた上で、過去の試験問題を用いて(1)問題文の読み取りポイント、(2)計画のポイントと解答プロセス、(3)解答例を掲載しています。これにより、二次試験対策として適切な解答を導く方法を学べるだけでなく、ランドスケープアーキテクトとして、課題に対してどのように答えを導き出すのか、プロセスを学習できるようになっています。

登録ランドスケープアーキテクト資格認定制度とは

　ＲＬＡは、現在及び将来の人々の安全、環境、健康、文化、福祉に対する責任を自覚し、地球環境時代における美しい都市・地域づくりを担うランドスケープアーキテクチュア業務を遂行するために必要な一定水準以上の知識、技術、能力を持つ技術者個人を認定するものです。

　この資格制度は、わが国の社会経済情勢に対応し、国際的技術水準に即して、ランドスケープアーキテクチュア業務を円滑かつ的確に遂行すること、業務成果の技術水準を高めること、およびランドスケープアーキテクトの社会的地位向上を図ることを目的としています。

　ＲＬＡ資格認定試験に合格し、所定の登録手続きを完了することにより、登録証が交付され、「ＲＬＡ」または「ＲＬＡ補」を称することができます。また、本資格制度は３年毎に登録更新が必要とされ、所定の登録更新手続きを行います。

　なお、本資格は、国土交通省による「公共工事に関する調査及び設計等の品質確保に資する技術者資格登録簿」に登録され、都市公園などの調査・計画・設計業務における「監理技術者」や「照査技術者」になることができます。

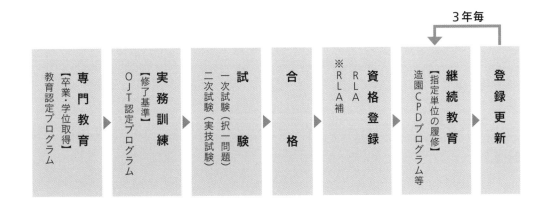

※登録ランドスケープアーキテクト補（ＲＬＡ補）とは

　ランドスケープに関する基礎的な知識を有し、ＲＬＡが実施する業務を補助できる知識と能力を持つ技術者個人を認定するものです、一次試験に合格し、所定の登録手続きを完了することで、「ＲＬＡ補」と称することができます。

ランドスケープアーキテクトの実務と試験

　本書は、登録ランドスケープアーキテクト（RLA）資格認定試験（以下、試験という）の二次試験の受験用テキストです。二次試験では、実技問題として、ランドスケープアーキテクトとして実務を遂行するために必要な技術・能力を、計画図、設計図などの作成により判定する内容となっています。

　ランドスケープアーキテクトの実務は、調査、計画、設計、工事監理（設計監理を含む）、管理運営などのプロジェクトに関わります。その中でも計画・設計業務が実務の中心になります。以下に実務内容と試験の関わりを都市公園の計画・設計業務を例にとって紹介します。

1. 計画・設計実務の段階

　計画・設計の実務は、以下の段階に区分されて行われます。

❶基本構想

　基本構想では、公園の機能、性格、構想の理念、テーマを明らかにします。計画対象地の構想およびそれを構成する主要な施設について検討し、整備の基本的な方向を決定します。

　二次試験（その1）では、「土地利用ダイアグラム」が基本構想段階に相当します。

❷基本計画

　基本計画では、基本構想などの上位計画、関連する計画などとの整合を図り、敷地の立地条件などを分析評価し、計画の基本方針を設定します。また、環境保全やレクリエーション、景観、防災などの機能の検討に基づいて、動線などを定め、基本的な空間構成を決定します。さらに、導入施設の内容・概略規模を設定します。

　二次試験（その1）では、「敷地計画」が基本計画段階に相当します。

❸基本設計

　基本設計では、基本計画に基づき、設計の与条件との整合を図り、デザインや技術、コストの観点から設計の方針を明らかにし、施設配置、諸施設の形状、基盤施設、植栽などについて概略の設計を行います。

　二次試験（その2）では、「造成・排水設計」、「植栽設計」が基本設計段階に相当します。

❹実施設計

　実施設計では、基本設計に基づき、安全性、機能性、市場性、施工性、デザイン性の面から詳細検討を行い、工事内容が把握できる設計図書を作成します。

　二次試験（その2）では、「詳細図」が実施設計段階に相当します。なお、設計業務は、基本・実施設計として一連の業務として行われる場合もあります。

2. 計画・設計実務の進め方

　都市公園を例にした場合、計画・設計は基本構想⇒基本計画⇒基本設計⇒実施設計と進み、計画・設計の後に、施工計画⇒施工⇒管理運営の順に進みます。

基本構想		基本計画		基本設計		実施設計		
・基本構想図の作成 ・機能・性格の設定 ・理念・テーマの設定 ・拠点・軸・ルートの設定	⇒	・基本計画図の作成 ・基本方針の設定 ・機能及び空間構成の設定 ・動線計画 ・敷地ゾーニング ・機能及び空間構成の設定 ・概算工事費算出	⇒	・基本設計図の作成 ・設計方針の設定 ・諸施設の設計 ・概算工事費算出	⇒	・実施設計図の作成 ・数量計算 ・構造計算 ・積算	⇒	工事監理 施工計画 施工 管理運営

序章｜図1　都市公園の計画・設計実務の段階と進め方

第一章

二次試験［実技問題］の概要

Chapter 1:
Overview of the secondary examination
[practical problem]

- 1-1　二次試験［実技問題］の内容と視点
  The content and viewpoint of the secondary examination
  [practical problem]

- 1-2　出題範囲とテーマ
  The scope of the exam and contemporary themes

1-1 二次試験【実技問題】の内容と視点

1. 実技問題とは

登録ランドスケープアーキテクト（RLA）資格制度において、二次試験【実技問題】は実務に必要な計画、設計に関する知識と技術を作図によって問うものです。

ランドスケープアーキテクトには、対象地周辺の自然環境および社会的背景を的確に把握したうえで、様々な条件との整合を図り、事業目標を達成し、将来に向けて良好な環境を維持できる空間の構築が求められます。これらの技術として欠かせないものが、多様な考え方を整理し、具体的な空間として表現する作図能力です。

実技問題は計画実技と設計実技に分けられます。計画実技は【その1】にあたり、「土地利用ダイアグラム」、「敷地計画」から構成されています。設計実技は【その2】にあたり、「造成・排水設計」、「植栽設計」、「詳細図」から構成されています。

2. 実技問題に求められるもの

実技問題では、計画・設計の技術に加えて作図に関する基本的な知識が求められます。

今日では、CADなどによる作図が一般的ですが、限られた時間内で計画・設計の基本となる手書により作図し、考え方をまとめることが求められます。

1-1｜表1　作図に関する基本的な知識と技術

知識	地図記号の識別
	施設や植栽の表現方法
	数値、記号、テキストの表現方法など
	線種の使い分け
技術	縮尺、方位の確認と作図への反映
	等高線の読み取り、描き方
	寸法線、引出線の引き方
	三角スケールの使い方

1-2 出題範囲とテーマ

1. 実技問題の出題範囲

実技試験である二次試験（その1）では、実務における基本構想、基本計画に関する問題が出題されます。二次試験（その2）では、実務における基本設計、実施設計に関する問題が出題されます。以下に二次試験のカテゴリーと出題範囲を示します。

2. 実技問題の出題傾向

二次試験の出題テーマは試験のホームページで毎年8月上旬頃に公表されます。出題テーマは各カテゴリー毎に公表されるため、広範な出題範囲からあらかじめ絞りこんで勉強をすることが可能となります。

出題テーマの公表後は集中的に二次試験に向けた学習を行うことになりますが、制限時間内で記述と図面を完成させる能力を公表前から備える必要があります。

1-2｜表1　二次試験のカテゴリーと出題範囲

科目	カテゴリー	出題範囲
二次試験（その1）	土地利用ダイアグラム	自然的な計画条件、人文的な計画条件などの把握／都市スケールの視点による構想立案／拠点・軸・ルートの設定／土地利用のゾーニング／良好な緑地環境の構想／計画趣旨の説明
	敷地計画	現況植生、地形、隣地などの把握／諸施設に対する法制度の適用／良好な緑地環境の整備／動線計画／敷地ゾーニングの計画趣旨の説明
二次試験（その2）	造成・排水設計	周辺を含めた等高線（高低差）の把握／排水経路の把握／排水方法の検討／法面勾配と施設・植栽の納まり、動線の調整／造成排水設計図の表現と作成
	植栽設計	地域植生の把握／気候、土壌、排水などの条件整理／植物の生理的な特性の理解、植栽基盤の確保／支柱の選択／生育環境に配慮した修景技法の選択／植栽設計図の表現と作成／設計趣旨の説明
	詳細図	安全性、経済性、修景を考慮した構造の提案／土壌、排水条件の把握／詳細設計図の表現と作成

2-1 土地利用ダイアグラム

　自然と調和し、機能的で快適な環境の形成には、秩序をもった土地利用計画が求められます。土地利用計画は土地（＝自然）の持つ有限な資源を適切に保全し、持続的に利活用するための計画であり、環境条件と計画条件の複雑な関係を整合させながら検討します。ランドスケープアーキテクトはこの計画を土地利用ダイアグラムを作成して整理することが求められます。

2-1-1 土地利用ダイアグラムとは

　土地利用ダイアグラムとは、その土地の環境条件と計画条件を明快な図表にまとめることで、プロジェクトの基本方針を示すものです。人間の多様な活動を、土地の条件に応じて調整する技術です。地形や生態系の保全、水循環、エネルギー負荷の軽減、歴史・文化、コミュニティ、バリアフリーなどに配慮しつつ、与えられた土地利用プログラムを計画地に組み込み、それらの空間構成要素が調和した「景観」を保全・創出する能力が問われます。具体的には、課題の地形図をベースに土地利用のゾーニング、拠点・軸・ルートの設定、景観の計画を模式的な図形（ダイアグラム）を用いて表現します。

1. 出題の傾向と対策

　2015年以降は、地域の歴史的・文化的資源、景観資源、自然環境を活かしながら、与条件において求められる利用上適切な立地へ土地利用や景観軸などを設定し、その考え方を記述する問題が出題されています。

　2018年からは基本的な方向性は踏襲しつつも、傾向が多少変わり、まちづくり計画をテーマとして、より広域なエリア（S＝1:15,000）を扱う問題になり、ゾーン、軸に加えて、拠点、回遊ルートを設定するなど、エリア全体で整合のとれた計画を作成し、計画の考え方を記述する問題が出題されています。

　どちらのタイプの出題も共通して、以下のような能力が問われています。

・計画地および周辺環境の特徴を捉え、既存資源などの各要素と計画の関係性を考慮した土地利用計画を立案する能力
・歴史的・文化的資源の利活用、自然環境の保全、みどりの創出、快適な住環境の確保、商業・公共空間の賑わい創出など、魅力あるまちづくり計画を立案するための多角的な都市のプランニングを行う能力
・要求される個々の提案を俯瞰して、整合性のある全体計画として構成し、図と文章で的確に伝える能力
　課題の平面図は、1:3,000 ～ 1:15,000程度のスケールで、解答用紙の半分は記述の記入欄になっています。

出題年	対象地	スケール	課題の内容		
			作図	記述	
2015	城下町の歴史的観光資源・自然環境を生かした新駅再整備	1:3,000	7ゾーン作図	・景観軸 ・エココリドー	・景観軸の選定理由 ・エココリドーの選定理由 ・「観光都市」、「景観形成」、「周辺土地利用との調和」の観点でのゾーンの配置理由
2016	沿岸部の地方都市における中心市街地活性化を目指した新たなまちづくり計画	1:3,000	6ゾーン作図	・港町のアイデンティティーに配慮し、景観資源への眺望を阻害しない「景観軸」 ・エコロジカルネットワークの形成に寄与する周辺の緑豊かな自然環境をつなげる「環境軸」	・景観軸の設定理由 ・環境軸の設定理由 ・「景観形成」、「周辺土地利用との調和」、「観光交流」の観点でのゾーンの配置理由
2017	歴史的町並みを保全・活用し、公園・文化施設を中心とした市街地の再生計画	1:5,000	7ゾーン作図	・文化的価値と歴史性の町並みの魅力を伝える中心軸「歴史文化軸」 ・文化的シンボル資源、魅力あるまちづくりの核となる都市公園や文化施設などつながりが意識される「景観軸」 ・駅周辺と対象地の商業・業務地や文化・公共施設をつなぐ、交通幹線、賑わい空間の機能を果たした「都市軸」	・歴史文化軸、景観軸、都市軸の設定理由 ・都市公園ゾーンの位置設定の理由
2018	地域資源を活かした回遊性のある観光まちづくり計画	1:15,000	・観光まちづくりの中核となる利用拠点、その他の活動の場「拠点」 ・良好な景観の形成につながる帯状の景観資源や視点場と対象物を結ぶ視軸「軸」 ・観光まちづくりの資源となる一定の土地のまとまり「ゾーン」 ・歩行や自転車利用の「回遊ルート」 ・「拠点」「軸」「ゾーン」「回遊ルート」を作図し、短い説明の言葉を添える	・自然・文化とのふれあいや交流・体験・眺望が楽しめる「拠点の整備」の方針：4項目 ・良好な景観形成に向けた「軸の確保や創出」の方針：3項目 ・観光まちづくりの資源となる「ゾーンの保全や充実」の方針：3項目	
2019	港・運河などの地域資源を活かした魅力ある観光まちづくり計画	1:15,000	・定期回遊船および歩行または自転車などによるルート「回遊ルート」 ・「拠点」「軸」「ゾーン」「回遊ルート」を作図し、短い説明の言葉を添える	・地域の自然、歴史・文化とのふれあいや交流・体験・眺望が楽しめる「拠点の整備」の方針：4項目 ・良好な景観形成に向けた「軸の確保や創出」の方針：3項目 ・魅力ある観光まちづくりの基盤をなす「ゾーンの保全や機能の充実」の方針：2項目 ・「回遊ルートの設定」の方針：2項目	

2. 問題解答の基本プロセス

❶開発計画の背景や目的の確認

　設問から、対象地の立地や現在おかれている社会的状況、開発計画の目的やまちづくりの目標や将来像などを確認します。

❷対象地を広域的な視点で把握する

　設問および現況図から、対象地の土地利用状況を確認し

ます（※1）。道路、鉄道、河川、公園緑地、公共施設、文教施設、住宅地、繁華街などの土地利用の位置関係を確認し、開発計画の目的やまちづくりの目標像を実現するにあたって、対象地内の関連する要素を広域的視点で把握します。

　2018年の出題では、「地域資源を活かした回遊性のある観光まちづくり」とあるため、対象地の歴史・自然資源などの活用を想定しながら、既存市街地や交通網との位置関係を把握します。

A. 海浜
砂丘と松林が続く

B. 岩礁
江戸時代からの名勝

C. 漁師町・民宿
松林の傍側の漁師町には民宿が点在する

D. 眺望点
眼下の岩礁や近海の島々を望める

E. 花摘み園
道路沿いに点在

F. 果樹園
観光果樹園の取り組みみを進行中

G. 丘陵山林
次林を主とする山林が広がる

2-1-1 | 図1　図から土地利用状況を読み取る

※1：土地利用の検討の流れについては、p17の❷土地利用計画のフローも参照。出題では、ポイントとなる土地利用状況があらかじめ文章やイメージ図で示されています。

❸対象地の状況を確認する

　対象地の状況を確認するため、設問文に示されている計画上の課題や利用状況などを平面図で確認します。また、文章では把握できない情報を平面図から読み取ります。

①地形・自然資源の読み取り（※2）

　設問および平面図から自然・歴史・文化・景観資源などの状況を読み取ります。特に図からは等高線（コンターライン）により、計画地の地形を把握することが重要です。これらの要素はそれぞれの特徴から下記のような土地利用の方針に関わることがあります。

- ・湿地や水辺は、生きものの生息地として保全の対象になると考えられます。
- ・公園緑地は、緑の環境形成に加えて、災害時における避難地や調整池などの都市機能を併せ持つことが考えられます。
- ・浸水や土砂災害などのハザードエリアがある場合は、住宅や公共施設（災害時の活動拠点となる）などの配置を避ける配慮が必要と考えられます。

2-1-1 ｜ 図2　文章と図を照合して土地利用状況を読み取る
※2：自然資源については、p17の❸緑の機能・役割も参照。「緑」という言葉に集約された自然環境の様々な役割や機能を理解することは、状況把握に役立ちます。緑の機能と役割はランドスケープアーキテクトの基礎的な知識です。

②歴史・文化・景観資源の読み取り

　歴史・文化・景観資源については、地域らしさを形成する資源であるとともに、地域の魅力を向上させる要素であるため、保全・再生・活用の対象になると考えられます。

❹計画方針・与条件、各ゾーンの計画条件の読込み

　設問文に記述された計画の目的やテーマを具現化するための方針・与条件、拠点やゾーン、ルートなどの計画条件を読み込みます。設問と図面を行き来しながら、ポイントとなる箇所をマーキングしたり、下書用紙にメモをとったりするなど、各要素を整理しながら読み進めます。

❺土地利用のゾーニングの検討

　これまでの問題把握をもとに、地域の特徴的な土地利用状況や自然・歴史・文化・景観資源のまとまりをゾーンとして面的に捉えます。ゾーン設定の際には、特徴や計画方針を示すとともに、これらを明示するわかりやすいゾーン名称を考慮する必要があります。

　また、各ゾーンは、周辺の土地利用や自然環境との関係、各ゾーンの関係などから配置を検討します。

❻導入する拠点・軸・ルートの検討

　設問では、拠点・軸・ルートの位置づけが明示されています。これらの前提条件にあわせて、ゾーン配置と同様に周辺の土地利用や自然環境との関係、ゾーンを含む他の要素とのネットワークを考慮しながら配置の検討を行います。

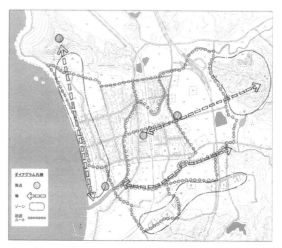

2-1-1 ｜ 図3　拠点・軸・ルートの配置

❼図面の作成

　土地利用ダイアグラムは全体の空間構成を概念的に表現するもので、分かりやすくシンプルな図面とします。

　ゾーニングなどは設問の凡例表記に従い記入します。面積の指定がある場合は、指定された面積を確保する必要があります。

　景観軸や動線軸なども設問の凡例表記に従い記入しますが、動線の幅員などの実際の寸法に従う必要はありません（2-1-1 ｜ 図4参照）。

❽提案文の作成

　設定した土地利用や動線、軸などについて、理由や考え方の説明が求められます。提案文の作成にあたっては、図面と記述内容が一致している必要があります。考え方を伝えるための手段ですので、わかりやすく丁寧な記述を心がけます。

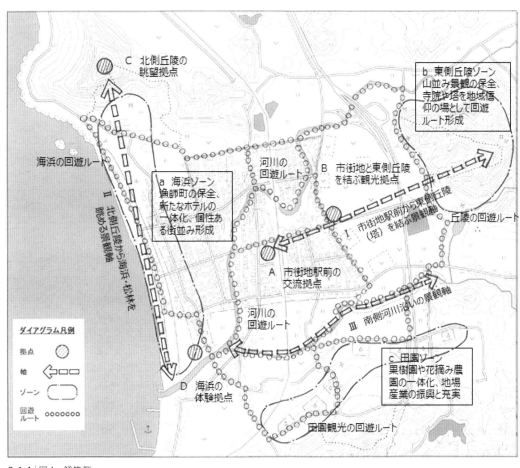

2-1-1 | 図4　解答例

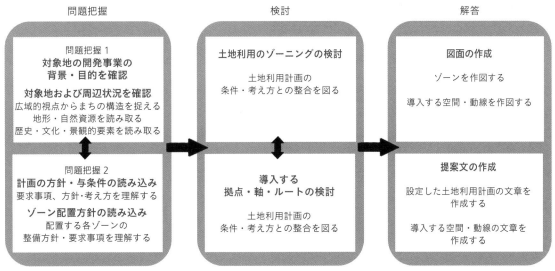

2-1-1 | 図5　問題解答フロー図

3. 土地利用ダイアグラムの基礎知識

●ダイアグラム

ダイアグラムとは、「図形」、「図式」、「図解」などの意味で、文章で書くと複雑になる事項の関係を、単語の配列や模式図によって視覚的に表現したものです。

アメリカの都市デザイナー、ケビン・リンチが1960年に出版した著書「都市のイメージ」の中では、都市を解析する要素として、パス、エッジ、ノード、ディストリクト、ランドマークの5つをあげ、それらを抽出したダイアグラムによって、都市の構成とその特徴を表しています（2-1-1 図6参照）。

ダイアグラムをつくることの意義は、計画全体の把握や、計画に含まれる諸要素の関係を分かりやすく伝えることにあります。文章と違い、読み始める位置が特定されず、ある部分から部分へと関係を読み進めることができるという特徴があります。

土地利用ダイアグラムは、対象地および周辺の空間構成や機能の解析・検討にも用いますが、試験においては、設問で設定された計画の与条件を元に、土地利用のゾーニングやそれらを結びつける動線などを表現し、空間構成や機能を表現する図を作成します。

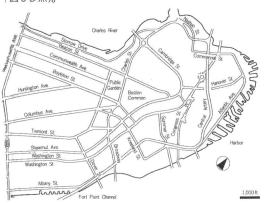

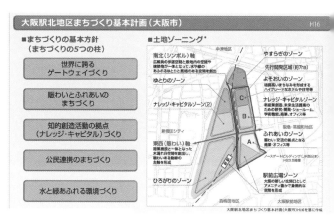

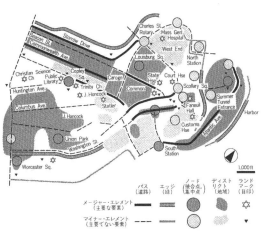

2-1-1｜図6　ボストンのダイアグラム（都市のイメージ, Lynch.K, 岩波書店）
（上：略地図　下：現地調査からひき出されたボストンの視覚的形態）

ボストンをパス、エッジ、ノード、ディストリクト、ランドマークの5要素で記述し、さらにそれらを重要度に応じて2段階（メジャー・マイナー）に分けている。

・パス…道路、鉄道、運河など人が移動する線的要素
・エッジ…海岸、開発の縁などの面的広がりの境界線
・ディストリクト…二次元的広がりをもち、均質にイメージされる地域や地区
・ノード…交通路の交点や集合点
・ランドマーク…土地や場所の目印

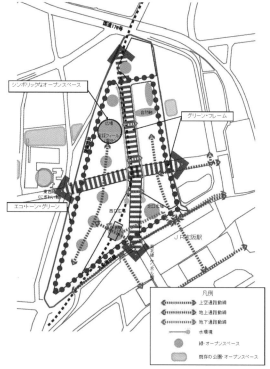

2-1-1｜図7　土地利用ダイアグラムの事例
（出典／上：うめきたプロジェクト, UR都市機構西日本支社　下：大阪駅北地区2期開発ビジョン, 大阪駅北地区まちづくり推進協議会）

❷土地利用計画のフロー

　日本の土地利用計画は、交通や経済の視点が重要視されてきましたが、近年は、土地の有する災害リスクや自然的な潜在能力の適切な評価に基づく自然立地的土地利用を優先する計画も求められています。

　土地利用計画にあたっては、対象地および周辺の自然条件・社会条件・景観調査のうち、2-1-1│表2の調査項目から必要なものを調査し、長い年月にわたって自然条件と社会条件の相互作用のもとに形成された現状の土地利用を読み解き、その関連を明らかにします。

　これらの情報を重ね合わせ、保全する空間や要素を抽出し、土地利用の検討を行っていきます。

　試験においても、この調査項目を念頭におき、設問や平面図に記載されている事項から、土地利用の検討においてポイントとなる要素を読み取ることが重要です。

❸緑の機能・役割

　安全で快適な緑豊かな都市を形成する緑の機能・役割は主に環境保全、レクリエーション、防災、景観の4系統に整理することができます（2-1-1│表3参照）。

　対象地において必要な機能を系統別に配置するとともに、各機能が効果的に発揮できるようにネットワークさせ、総合的な計画としてとりまとめることが大切です。

　設問において導入が求められる拠点・軸・ルートなどが、どの機能を担うものなのかを把握し、配置の検討・設定、提案文の作成を行います。

❹緑のネットワーク形成の考え方

　都市の構造上重要な緑の軸や拠点となる面的な緑を、線的・点的な緑でつなぎ、有機的にネットワークさせます。ネットワーク形成にあたっては、都市の緑地（施設緑地や地域制緑地）に加え、樹林地や農地なども対象として考えます。

　また、都市の生態系の回復を図り、多様な生きものを育み、生きものとのふれあいのある都市をつくるためにも、生きものの移動経路となる緑のネットワークを確保することが重要です。

・拠点となる面的な緑の例／都市公園・学校の校庭・公共施設の広場・市民農園などの施設緑地、樹林地、農地　など

・線的・点的な緑の例／河川の緑地、道路の植栽帯、点在する農地、緑道、住宅の庭　など

2-1-1│表2　主な土地条件調査項目

自然条件調査	気象	気温 湿度 風速 降雨量 降雪量 冷霜 大気汚染
	地形	傾斜度および方向 起伏度 地表
	土壌・地質	土壌分類 地質構造 崩土 地すべり
	水	水系 地下水位 湧水 水質 水量 水害危険区域
	生物	現存植生 潜在自然植生 緑被率 野生動物分布
社会条件調査	人口	人口構成 人口動態 人口流出 人口密度
	産業	産業構造 出荷額 商圏構造
	建築	建物用途別分布 建築密度 特殊建築分布
	土地利用	土地利用状況および変遷
	歴史	文化財 民俗行事 名所旧跡
	圏域	町丁目界 学区 旧町村界 字界 通勤・通学圏
	レクリエーション	レクリエーション施設状況 利用実態 需要実態
	関連計画	法定規制区域 法定施設計画 地方計画その他上位計画 各種施設計画
景観調査	景観特性	自然特性 社会特性 歴史的特性 ビューポイント ランドマーク 地区特性

2-1-1│表3　都市の緑の機能・役割

分類	主な機能・役割
環境保全系統	森林などによる水源の涵養 生物の生息環境の保全、自然生態系の維持 大気汚染物質の吸収などによる大気の浄化 二酸化炭素の吸収 気候の調整、地球温暖化防止への寄与 都市環境負荷の軽減 快適な生活環境の提供　など
レクリエーション系統	自然とのふれあいの場の提供 休養・休息、遊びの場の提供 散策、スポーツ・レクリエーションの場、交流の場の提供　など
防災系統	大雨時における流量調整、洪水防止 地すべりや崩壊の防止 火災時における延焼防止 騒音の遮断など公害防止、抑制 災害時の避難路、避難場所、防災活動の拠点の提供　など
景観形成系統	地域を特徴づける景観の形成 歴史・文化を印象づける景観の形成 市街地における良好な景観の形成　など

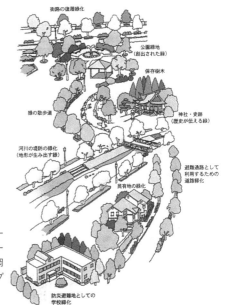

2-1-1│図8
緑のネットワークづくりのイメージ（出典／高岡市新グリーンプラン, 高岡市）

試験では、対象地周辺や対象地の既存の緑と、対象地に新たに創出する面・線・点の緑をつなぎ、緑のネットワークを形成することが重要です。

・創出する緑の例／戸建て住宅の庭、集合住宅の広場や公開空地の緑、都市公園、街路樹、緑道、歩行者専用道路の緑、計画施設内の広場などの緑、建物上の屋上緑化　など

コラム　エリアマネジメント

　エリアマネジメントとは「地域における良好な環境や地域の価値を向上させるための、住民・事業主・地権者などによる主体的な取組」(国土交通省)とされており、街並み形成や環境保全、地域資産の保全や運用に加え、コミュニティ形成や伝統文化の継承、地域ブランドの形成など、持続可能なまちづくりを志向するソフト領域も含まれる幅広い取組を示します。

　エリア(地域)マネジメント(経営)つまり地域経営を行うに当たり、対象地域の多様なステークホルダーが積極的に関わることを重視しており、行政主動のトップダウンのまちづくりに比べて、ソフト面からの地域活力の回復や賑わい創出が期待され、持続的で快適な地域環境の形成が期待される取組です。

　試験においては地域の魅力を高めるまちづくりに寄与する「エリアマネジメント」を意識した出題が増えています。試験では上記のような多様な取組による「まちづくり」を考慮することも必要です。

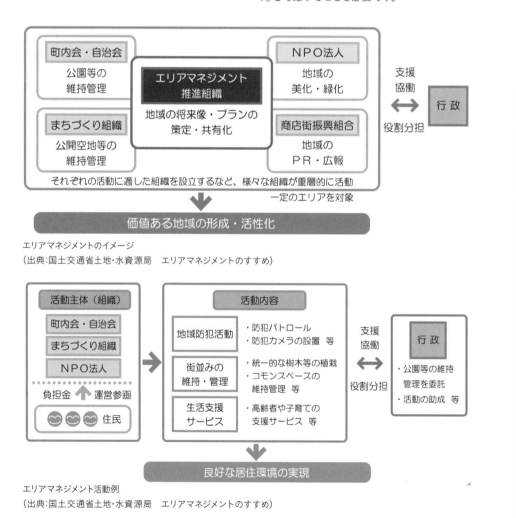

エリアマネジメントのイメージ
(出典:国土交通省土地・水資源局　エリアマネジメントのすすめ)

エリアマネジメント活動例
(出典:国土交通省土地・水資源局　エリアマネジメントのすすめ)

2017年問題と解答例

2017年の問題は、出題テーマである「歴史的街並みを保全・活用し、公園・文化施設を中心とした市街地の再生計画」に適した地域資源を把握し、地域の骨格となる計画軸を形成しながら適切なゾーン配置を行う能力が問われています。また、ゾーン配置に加えて3つの「計画軸」を設定する課題となっています。

特に、対象地周辺の土地利用図から計画対象地に連続する都市的要素を読み取る必要があるため、広域的な視点による分析が求められます。ゾーンと計画軸の設定理由についても周辺の土地利用を踏まえた記述が必要であり、問題文と図を相互に確認しながら計画の手がかりとなる要素を把握する事が重要です。

1. 問題文の読み取りポイント

❶課題

対象地は、かつて城下町および旧街道の宿場として栄えた都市の中心部に近接する市街地である。人口減少によって経済が衰退しつつあったが、大都市圏からの高速列車の開通を契機として、当該地区での魅力あるまちづくりを推進することにより、都市の再生を図ることとなった。まちづくりでは、対象地内外の歴史文化資源や自然資源の保全・活用、駅周辺からの都市機能の連続性の確保とともに、ランドスケープの視点を重視した景観形成や土地利用が求められている。

上記を踏まえ、以下の課題について解答用紙にそれぞれ記入しなさい。

1　敷地条件と計画条件を読み解き、縮尺1/5,000の図面に、3つの計画軸と7つの土地利用ゾーンで構成される土地利用ダイアグラムを作成しなさい。

2-1　3つの計画軸について、それぞれ設定した理由を簡潔に説明しなさい。

3-1　都市公園ゾーンの位置を設定した理由を、200文字以内で説明しなさい。

課題前文では出題テーマの背景や目的、計画方針が示されている。要点に線を引きながら、図中の位置を大まかに把握する（背景、目的、方針などは、問題文に印をつけると把握しやすい）

課題の内容を確認し、作図すべき要素の数や説明すべき対象を把握する

ゾーンにおいては「位置」を設定した理由が問われている点に注意する

❷計画地及び周辺の敷地条件

☐ 対象地は、商業系・住居系の用途地域が指定されており、商業業務施設が立地し、住宅地と都市農地等が混在する市街地が形成されている。また、住宅地では空家・空地の増加が見られる。

☐ 対象地には、魅力あるまちづくりの核となる施設として、都市公園と複数の文化施設・公共施設の設置が予定されている。

☐ 対象地の北側を流れる河川は、水辺のパノラマ景観が広がり、清流にはアユが生息し伝統的な漁が行われる観光資源ともなっている。

☐ 対象地に接する西側の丘陵には、都市の文化的・景観的なシンボルである山城があり、その山裾には観光客も訪れる多くの社寺が分布している。

☐ 社寺が分布する地区の東側には南北に旧街道が通っており、旧街道沿いには社寺や伝統的な建物が点在する歴史性を感じさせる市街地環境が形成されている。

☐ 対象地には、河川や歴史文化の観光資源を活かした観光客を誘致する地区としての役割が期待されている。

☐ 対象地の南部に位置する駅一帯は中心市街地が形成され、そこから対象

計画対象地の概要と、周辺状況を整理して把握するため、要点に線を引きながら、計画地や周辺の状況を把握する。特に計画方針や出題テーマに関わるキーワードに印をつけておく

2017年の問題では、解答用紙に「対象地周辺の土地利用」図が添付されている。各敷地条件の位置を図上で確認しながら、抽出したキーワードなどを書き入れることで、位置関係を視覚的に把握する（図への書き込み例はp21を参照）

地にのびる幹線道路沿いは街路樹が整備され、沿道には商業・業務施設が立地している。

❸計画条件

1. 計画軸

以下に示す「歴史文化軸」「景観軸」「都市軸」を設定すること。

> 3つの計画軸について条件が示されている。これらの計画軸には設定理由の記述が求められている

1-1. 歴史文化軸

☐ 対象地一帯の文化的価値と歴史性を感じさせる街並みの魅力を伝える、中心軸であること。

1-2. 景観軸

☐ 都市の文化的シンボルである資源と、魅力あるまちづくりの核となる都市公園や文化施設等とのつながりが意識される軸であること。

> 「都市公園や文化施設等とのつながりを意識」など、計画上の条件が示されている。これらの条件には作図中に確認しやすいように印をつけておく

1-3. 都市軸

☐ 駅周辺と対象地の商業・業務地や文化施設・公共施設をつなぐ、交通幹線、賑わい空間としての機能を果たす軸であること。

2. 土地利用ゾーン

以下のA〜Gに示すゾーンの内容を踏まえ、それぞれのゾーンを設定すること。

> 土地利用ゾーンの設定条件と目指すべき方向性が示されている。計画軸の条件の場合と同様に設定上の条件となる部分に印をつけておく

A. 歴史的環境保全ゾーン（8.0ha）

☐ 社寺や良好な樹林を一体的に保全し、自然と歴史文化資源が融合する環境の維持を目指す。

B. 街並み景観保全・活用ゾーン（11.0ha）

☐ 伝統的建物や街並み景観を保全するとともに、飲食店や物産店の出店などによる賑わいの創出を目指す。

> これまでの問題文の中で把握したキーワードが計画条件にも用いられている点に着目する。頻繁に出てくるキーワードは、「対象地周辺の土地利用」図に敷地条件の書き込みをし、確認する

C. 都市公園ゾーン（5.0ha）

☐ 魅力あるまちづくりの中核施設であり、地域住民および来訪者の憩い・交流の拠点づくりを目指す。

> 「都市公園ゾーン」のみ位置設定の理由の記述が求められているため、その内容と目指すべき方向性には特に注意する

D. 文化施設ゾーン（5.0ha）

☐ 既存の美術館に加えて、庭園を併設した文化ホール・郷土資料館を設置し、対象地の新しい魅力の発信地を目指す。

E. 公共施設・代替居住施設ゾーン（7.0ha）

☐ 周辺住民の利用にも配慮した図書館や子育て・福祉施設を設置するほか、都市公園や文化施設等の設置に伴って生じる、地区住民の移転先となる住宅地の建設を目指す。

F. 観光宿泊ゾーン（11.0ha）

☐ 既存旅館に加えて新たな観光宿泊施設を誘致し、景観資源を活かした観光地づくりを目指す。

G. 商業・業務ゾーン（5.0ha）

☐ 商業・業務施設の集積を図り、駅前市街地とつながる都市機能の強化を目指す。

❹解答における留意事項

☐ ダイアグラムには解答用紙に図示した凡例を用い、わかりやすい視覚表現を心がけること。

> 凡例の記号を用いながらも、線の強弱や読みやすい文字位置などを意識する

> ゾーン毎の目指す方向性を確認し、ダイアグラムとしてわかりやすい視覚表現を行う

☐ 図面には、計画軸及びゾーンの名称とゾーンの面積（○○ha）を記入すること。

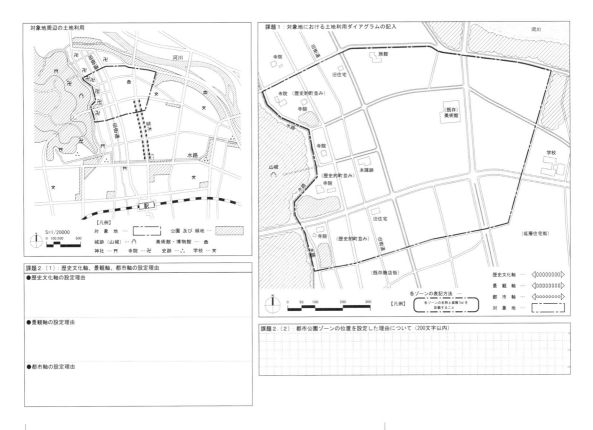

2. 計画のポイントと解答プロセス

❶計画のポイント

前述の問題文の読み取りを進めながら、解答用紙に掲載されている「対象地周辺の土地利用」図（S=1/20,000）に、位置やキーワードをメモしておき、ダイアグラムや設定理由の文章の作成に活用します。

課題である計画軸や土地利用ゾーンは、対象地周辺の状況から導き出される点が多いため、的確なメモを書き込むことで大まかな軸やゾーンの配置を掴む事ができます。

各ゾーンの配置は、計画条件で読み取った計画上の条件を考慮し、計画対象地をクローズアップした解答用図面（S=1/5,000）から、より詳細な土地利用状況（旅館、既存の美術館、低層住宅街など）を読み取ることで、適切に行います。

計画軸、土地利用ゾーン共に解答しやすいものから配置して、配置に迷う要素があれば問題文を再確認

上図のように問題文から読み取った土地利用の状況やキーワードをメモする

2-1-2｜図1　土地利用の状況やキーワードの記入例

します。ゾーンの面積配分なども大きな手がかりになりますので、下書き用紙に数ha程度の単位面積をメモしておくのも有効です。

❷解答のプロセス

解答プロセスの一例を以下に説明します。完成したダイアグラム図は最後に問題文の条件と整合しているか、解読中に行った線引きや印を使って再確認します。

① 軸の配置、周辺の土地利用から導き出される要素の記載

対象地周辺の土地利用図に行ったメモ書きから「歴史文化軸」と「都市軸」が計画対象地を貫いていることが読み取れるため、それぞれの軸を図に配置します。

また、計画対象地の北側に位置する河川（パノラマ景観・伝統漁が行われる観光資源）や南側の駅（中心市街地・沿道には商業、業務施設）など、対象地外もしくは図外の要素をこの段階で下書きにメモします。

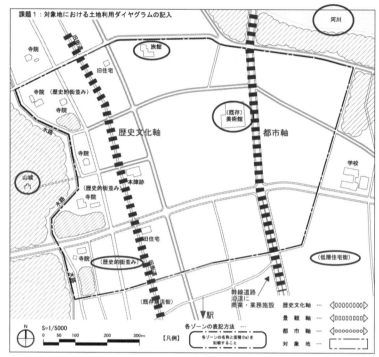

2-1-2 | 図2　軸の配置と要素の記載例

② ゾーン配置の検討 -1

「A.歴史的環境保全ゾーン」と「B.街並み景観保全・活用ゾーン」を検討します。

解答記入用の図を確認し、より詳細な土地利用状況を図から読み取ると、保全系のゾーン配置は、ゾーンの面積条件や計画条件である寺院や旧住宅の保全すべき対象が位置していることから、範囲を決めることができます。

次に北側に旅館、中央付近に既存の美術館があることが判読できることから「F.観光宿泊ゾーン」、「D.文化施設ゾーン」の配置条件に適していることを確認します。

必要面積を参考に大まかなゾーン

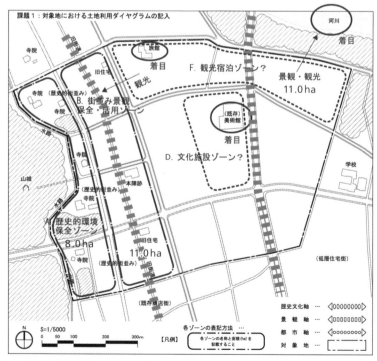

2-1-2 | 図3　ゾーン配置の検討プロセスー1

を配置します。2017年の問題は街区が道路で区画されているため、ゾーン配置が行いやすくなっています。

③ゾーン配置の検討-2

駅前市街地とつながる都市機能の強化を目指す「G.商業・業務ゾーン」を駅側に配置することを検討します。先に、都市軸の東に配置する考えもありますが、計画対象地の南東の街区には「低層住宅街」があるため、都市軸の東側を「E.公共施設・代替住居施設ゾーン」とし、都市軸の西側に「G.商業・業務ゾーン」を配置します。

次に「C.都市公園ゾーン」は、まちづくりの中核施設であり、地域住民と来訪者の憩い・交流の拠点となる施設です。複数のゾーンに接することで多様な利用者間の交流や賑わいを生み出せる配置とします。

位置設定の理由を記述する必要があるため、多様な利用者とは何か、どのような賑わいを生み出すか、などをイメージして、文章の骨格を作ります。

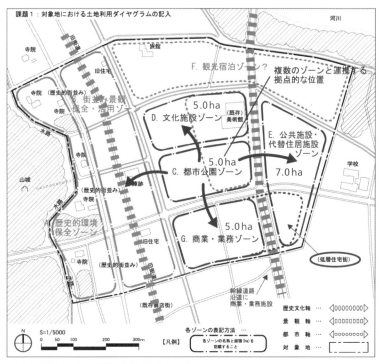

2-1-2│図4　ゾーン配置の検討プロセス-2

④ダイアグラム図の整理・整合確認

次に「景観軸」を設定します。これは都市の文化的シンボルである資源（「山城」を指している）と、文化施設や都市公園（DゾーンとCゾーン）とのつながりが意識される軸であるため、山城を起点として東に向かう街路を延長した軸を想定します。延長線上にはDゾーンとCゾーンが1つの街区にまとまっているため、ゾーンの分割を兼ねて、街区を貫通する景観軸らしい延長長さを持った配置とします。

計画軸、ゾーンの配置が一通り決まったところで、必要面積を確認して範囲を確定します。また、設問文を振り返り、ダイアグラム図と計画条件が整合しているかを手早くチェックします。

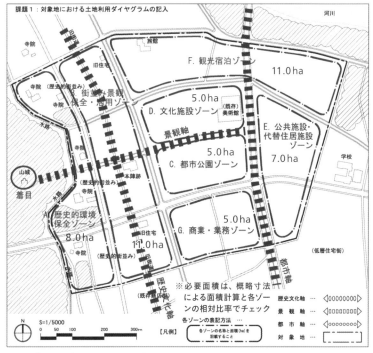

2-1-2│図5　ゾーン配置の検討プロセス-3

3. 解答例

❶歴史文化軸の選定理由

- 旧街道筋は旧住宅や本陣跡など歴史的資源が沿道に立地する特性を活かし、施設の利活用や歴史的な街並みを散策できる歴史文化軸として設定する。

- 旧街道は既存商店街や駅方向とつながり、旧来より人の往来が多い道筋であることから、「街並み景観保全・活用ゾーン」に人を誘導する歩行者動線として位置付ける。

❷景観軸の選定理由

- 歴史的な街並みや社寺が集積する歴史的なゾーンから、地区中央に配した文化施設ゾーン・都市公園ゾーンに繋がる軸として、象徴的な歴史文化の景観軸として位置付ける。

- 景観軸の動線の先に山城が位置する立地条件を活かし、象徴的な眺望景観を活かした軸とする。

❸都市軸の選定理由

- 駅前から観光宿泊ゾーンや文化施設ゾーンをつなぐ地区内の幹線軸として位置付け、観光宿泊ゾーンへの主要動線とする。

- 商業・業務ゾーンや各施設ゾーンなどの地区の中核的なゾーンに面しており、通りの賑わいづくりに配慮し、街の顔となる都市軸とする。

❹都市公園ゾーンの位置を選定した理由について（200文字以内）

「都市公園ゾーン」を、地区中央に配置することで、隣接ゾーンとの連携による賑わいと交流を生み出すゾーンとする。「街並み景観保全・活用ゾーン」や「公共施設・代替居住施設ゾーン」の住民に対しては、憩いや交流に活用される場とし、また、「文化施設ゾーン」や「商業・業務ゾーン」の利用者などに対しては、多様なイベントなどが可能な公園とするなど、複数のゾーンに面する立地性を活かしたものとする。

2-1-2｜図6　2017年の土地利用ダイアグラムの解答例

2019年の出題テーマは、港・運河などの地域資源を活かした魅力あるまちづくり計画であり、拠点、軸、ゾーン、回遊ルートをダイアグラムとして作成する問題です。計画の方針を記述する提案文も大きな割合を占めており、解答者の計画説明力や文章表現力が問わ

れています。また、ダイアグラムには、説明の短い言葉を添えることとなっており、提案内容を端的に表現できるように、計画的な表現や用語を身につける必要があります。提案を図と短い言葉の説明、文章記述の3つを用いて、正確に伝えることが大切です。

1. 問題文の読み取りポイント

❶課題

計画地は人口15万人規模の地方都市の一部で、中心市街地より5kmの地点に位置する港町一帯の区域である。漁業の衰退や人口減少で活力が低下していたが、近年、本計画の都市が国の地域再生計画の認定を受けたことで、公民一体によるまちの活性化の機運が高まっている。

計画地に対しては、地域再生計画で「鉄道駅のリニューアルと周辺商業地の再整備」、「豊かな歴史文化・自然・景観資源の利用と保全」が示されており、広域幹線道路ICからの近接性を活かした利用拠点やルートの整備、既存資源の魅力度アップなど、来訪者の増加につながる取り組みが求められている。

次に示す計画地の現状と現況図を読み解き、解答用紙に、出題テーマを踏まえた観光まちづくりの方針を述べるとともに、方針に沿った土地利用ダイアグラムを作成しなさい。

- 計画地の立地、現在おかれている状況を理解する
- 計画地の地域再生計画に関する大きな2つの方針をおさえる
- 鉄道だけでなく、車での来訪者にも対応する必要がある
- 求められているのは、「来訪者の増加」につながる取組であることを把握する
- テーマを踏まえた方針の記述と方針に沿ったダイアグラム作成が求められていることを把握する

❷計画地の現状

□ 市街地地区

鉄道駅につながる商業地一帯は、漁業の衰退とともに賑わいが低下していたが、鉄道駅のリニューアルとこれに合わせた中央通りの街並み整備や新店舗の出店などが始まっており、中心部としての賑わいが回復しつつある。

□ 運河沿川地区

江戸時代に掘削された幅約40〜50mの運河で、中流部には大規模な工場跡地が未利用地として残されている。また、これと接する河川の合流部にはカヤックやカヌーの乗り場がある。(※運河に架かる橋は、船舶が通れる高さが確保されている)

□ 港湾地区

かつては港町として栄えた地区も衰退が見られるが、近年はクルーズ船(定期回遊船)が運航を始めたほか、港町の歴史を伝える近代遺産の「赤レンガ建物群」が注目を集め、来訪者が増加しつつある。

□ 山林・自然海岸地区

港湾地区の東側は半島状に延びる山林地で、複数の眺望地点がある。山林地の東側は、砂浜と岩礁の美しい自然海岸が続き、夏のレクリエーション地として利用されている。ただし、海岸沿いにある資材置き場は景観阻害要

- 市街地地区では、課題文にある地域再生計画の1つ目の「駅のリニューアルと商業地の再整備」がすでに始まり効果が出ている状態を把握する
- 中流部の工場跡地の未利用地は、利用拠点整備の候補地となりうることを考慮する
- 赤レンガ倉庫群は、来訪者の増加を見込んだ取組の目玉となる施設となることを考慮する
- 資材置き場が移転することを見込み、利用拠点の候補地となりうることを把握する

因となっており、他用途への転換が求められている。

❸計画条件および留意事項

☐ 課題1の観光まちづくりの方針は、解答欄の①〜④について、それぞれの
　項目数以上の提案を箇条書きで枠内に収まる範囲にまとめること。

☐ 課題2の土地利用ダイアグラムは、図示した凡例を参考に、図面に拠点、
　軸、ゾーン、回遊ルートを表示し、脇に説明の短い言葉を添えること。
　（○○広場の整備、○○軸の保全、○○ゾーンの充実　等）

☐ 土地利用ダイアグラムは、分かりやすい表現を心がけること。

解答用紙を見て、提案文の項目数とボリューム感をつかんでおく

解答用紙に図示された凡例を見て、ダイアグラムの表現方法を確認する

図示した内容を説明するための短い言葉を添える必要があることを確認する

❹現況図
（※写真はイメージです）

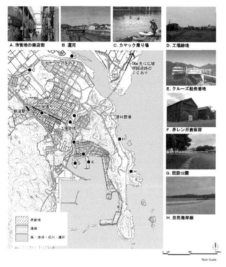

課題1　以下の各課題について、指定された項目数以上の方針を記述しなさい。

①地域の自然、歴史・文化とのふれあいや交流・体験・眺望が楽しめる「拠点の整備」について
　：4項目以上

②良好な景観形成に向けた「軸の確保や創出」について：3項目以上

③魅力ある観光まちづくりの基盤をなす「ゾーンの保全や機能の充実」について：2項目以上

④「回遊ルートの設定」（定期回遊船及び歩行又は自転車等によるルート）について：2項目

課題2
課題1で記述した「拠点」「軸」「ゾーン」「回遊ルート」を、ダイアグラムの凡例に示す表現を参考に
図示するとともに、短い説明の言葉を添えて土地利用ダイアグラムを作成しなさい。

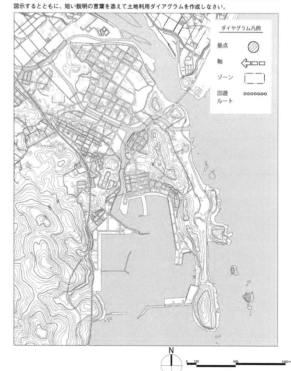

図中の位置と、各ポイントのイメージ写真を照らし合わせ、現況を把握する

アルファベットの脇に文字を記入し、図を把握しやすくする

問題文に記載されている、現状を図中に書き写して記入する

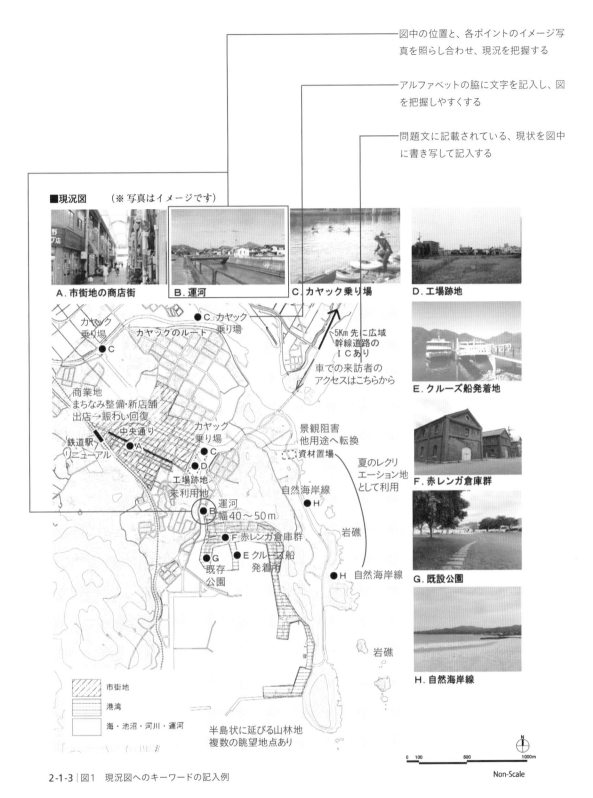

2-1-3｜図1　現況図へのキーワードの記入例

2. 計画のポイントと解答プロセス

❶計画のポイント

2019年の問題は「拠点」、「軸」、「ゾーン」、「回遊ルート」を設定して既存の資源を活用する観光まちづくり計画が課題です。まずは個々の項目を個別に検討し、全体を俯瞰して、計画全体の骨格を整えていきます。

解答が求められている4つの条件は設問の中に記載されているため、注意して読み解く必要があります。

❷解答のプロセス

下書き用紙にラフプランを下書きし、その上に解答用紙を重ねて作成することを推奨します。下書きの段階では、4つの各課題は色を分けて整理すると効率的です。

①拠点の整備の検討

設問に拠点の説明として、『地域の自然、歴史・文化とのふれあいや交流・体験・眺望が楽しめる「拠点の整備」』とあることから、各用語に対応する資源や活動を問題文からピックアップし、それぞれに該当する拠点の位置を、図面から読み取り、図面にプロットします。

・地域の自然→砂浜と岩礁が美しい自然海岸❶
・歴史・文化とのふれあいや交流→港町の歴史を伝える近代遺産の赤レンガ倉庫群❷
・体験→運河でのカヤック・カヌー、クルーズ船❸
・眺望→半島の複数の眺望地点❹

また、計画地の現状から、運河中流部の未利用である大規模な工場跡地❺、海岸沿いの資材置き場❻は、拠点整備の候補地であることが読み取れます。

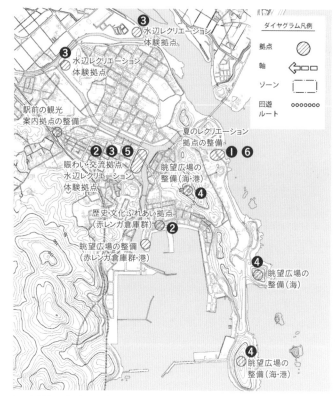

2-1-3｜図2　拠点の下書き記入例

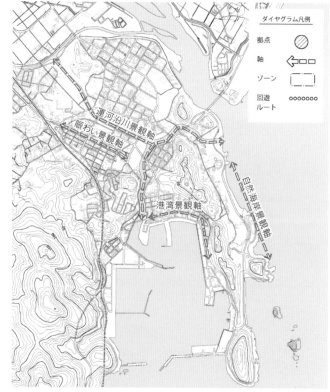

2-1-3｜図3　軸の下書き記入例

半島の眺望地点❹は地図の等高線を読み取り、海岸や岩礁を眺められる地点を探します。

②軸の確保や創出の検討

設問に軸の説明として、『良好な景観形成に向けた「軸の確保や創出」』とあることから、良好な景観資源を抽出し、対象となる景観が連続する範囲を「軸」として設定し、図に記入します。

・良好な景観資源→自然海岸、運河・河川、赤レンガ倉庫群を含む港町・港湾など

③ゾーンの保全や機能の充実の検討

設問にゾーンの説明として、『魅力ある観光まちづくりの基盤をなす「ゾーンの保全や機能の充実」』とあることから、計画地の現状で説明されている4地区をベースに、観光まちづくりに適したゾーン名をつけて、範囲を図に記入します。

・市街地地区→賑わい再生ゾーン【機能充実】
・運河沿川地区→運河沿川ゾーン【保全・機能充実】
・港湾地区→港町ゾーン【保全・機能充実】
・自然海岸地区→自然海岸保全ゾーン【保全・機能充実】

④回遊ルート設定の検討

設定するルートは「定期回遊船ルート」と「歩行又は自転車等のルート」の2項目です。拠点や景観軸、視点場などを繋ぐ回遊するルートを設定します。

定期回遊船ルートは、海・運河を巡り、景観資源を楽しむルートを設定します。主要な拠点に船着場を設けると、船と歩行・自転車を組合わせて利用ができ、効果的な回遊が

2-1-3│図4　ゾーンの下書き記入例

2-1-3│図5　回遊ルートの下書き記入例

期待されます。

歩行または自転車などによるルー

ト は、良好な眺めを楽しみながら各
拠点を巡るルートを設定します。

3. 解答例

❶拠点の整備の検討:4項目以上

1. 賑わい・交流拠点、水辺レクリエーション体験拠点:工場跡地に「道の駅」のような観光拠点施設を整備する。地元の特産物の販売、食を楽しめるレストラン、歴史・文化や自然景観資源をめぐるツアー、カヤックやカヌーの体験などのプログラムを実施する拠点施設とする。車による来訪者のための駐車場を設け、ここを拠点に徒歩や自転車、定期船などで観光を楽しめるようにする。

2. 歴史文化ふれあい拠点:赤レンガ倉庫を活用して、地域の歴史・文化を紹介・発信する施設や、カフェなどを整備する。

3. 夏のレクリエーション拠点:海岸沿いの資材置場を活用し夏のレクリエーション利用や半島の自然景観を楽しむ施設を整備する。ビジターセンター機能、サイクリング拠点、定期船発着所、駐車場、レストランなどの飲食施設を整備する。

4. 眺望広場:港湾地区北側の山の山頂に展望広場を整備する。東側の海岸、南側の港湾の赤レンガ倉庫群などを眺めることができる。

5. 駅前の観光案内拠点:駅前に地域の観光資源や楽しみ方を案内する施設を整備する。レンタサイクルの貸出しを行い、回遊性を高める。

❷軸の確保や創出:3項目以上

1. 市街地地区の商店街を「賑わい景観軸」と設定し、地元住民の他、観光に訪れる来訪者の集客を促す。

2. 運河や川沿いを「運河沿川景観軸」と設定し、運河の景観を楽しみながら散策や休憩ができるような散策路や緑地の整備を行う。

3. 砂浜と岩礁の美しい自然海岸線の範囲を「自然海浜景観軸」と設定し、景観を保全する。

4. 港湾地区の赤レンガ倉庫群や公園・定期船の発着所のある一帯を「港湾景観軸」と設定し、歴史や文化が感じられる倉庫群を中心とした港町らしい景観を保全・創出する。

❸ゾーンの保全や機能の充実の検討:2項目以上

1. 自然海浜地区を「自然海岸保全ゾーン」として、夏のレクリエーション利用と砂浜と岩礁の美しい自然海岸線の保全の両立を図る。

2. 運河沿川ゾーン:川沿いを歩きながら楽しむ景観、船やカヌーなど水上から楽しむ景観の整備を行う。

❹回遊ルート設定:2項目以上

1. 定期回遊船ルートは、港を出発し、港湾の風景、海側から東側の半島の山林、自然海岸や岩礁、河口に架かる橋、運河の景観を楽しむルートを設定する。

2. 歩行・自転車ルートは、各拠点や眺望スポットを結ぶルートを設定する。

3. 夏のレクリエーション拠点、賑わい・交流拠点、既存公園などの主要な拠点に船着場を整備し、船と徒歩・自転車を組合わせて回遊性を高める。

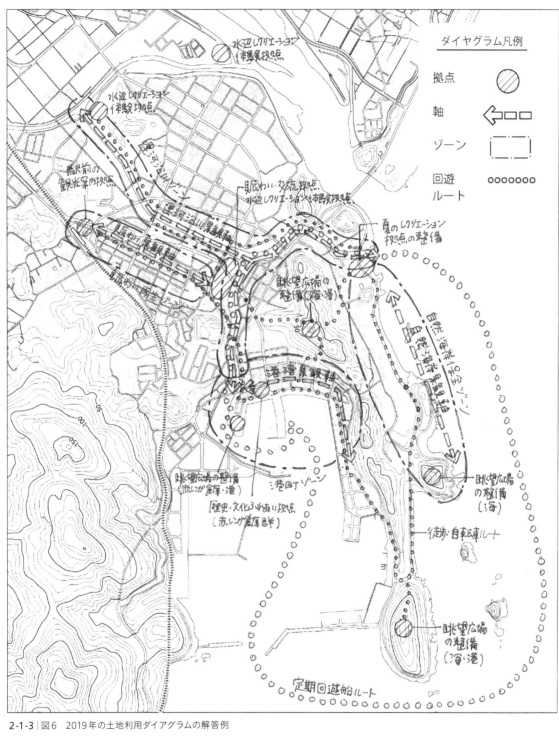

2-1-3 | 図6　2019年の土地利用ダイアグラムの解答例

・この問題は、ダイアグラムに表現する
　要素が多く、記載が重複する部分もあ
　るため、線の太さを変えたり、文字の
　位置に配慮するなど、見やすいダイア

グラムとなるように工夫する。
・軸と回遊ルートが重複する部分は、軸
　を少しずらして記載すると良い。
・説明の文字は、どこを指しているか

分かりやすくするため、引出し線を用
いたり、示す対象に向きを揃えると良
い。

2-2 敷地計画

ランドスケープの計画では敷地の特性を読み取り、計画の諸条件、必要な機能を調和させた配置計画が求められます。複合的な関係を読み解き、それぞれの関係を調和させ、図面として表現したものが「敷地計画図」であり、敷地計画はランドスケープアーキテクトの実務において、重要なものとなります。

2-2-1 敷地計画とは

敷地計画とは、敷地のマスタープランで、サイトプランとも呼ばれます。

敷地の特性は、多様で複合的です。右図のように各特性を読み取りながら、複数の機能の関係を調和させた計画が敷地計画となります。

敷地計画図は、様々な問題を解決するために整理と試行を繰り返し、その結果を分かりやすく描画したものです。作成にあたっては、人と空間との関係を読み解くことが求められます。

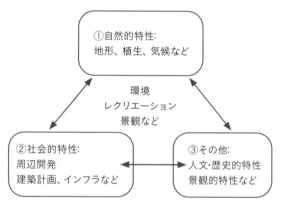

2-2-1 | 図1　敷地の特性と機能

I. 出題の傾向と対策

これまでの出題の概要を次頁の表に示します。

敷地計画の課題とテーマは事前に公表されるため、そのテーマから敷地条件や計画課題を類推して、過去問題を学習します。

敷地計画の図面縮尺については、近年、縮尺1/500の作図問題が主流となっています。駐車場や園路の幅員などを1/500程度の精度で描けることが必要となります。

出題内容としては、リニューアル計画の出題が主流であり、園路広場、園地、駐車場、アプローチ道路の配置計画を問う出題が多くなっています。計画条件が具体的に提示されるため、十分理解して解答する必要があります。また、建築物の平面図が提示され、その建築物を敷地内に適切に配置計画する能力も求められます。2019年では、敷地内だけではなく、周辺の環境を考慮する設問が出題されています。

敷地条件には、既存園地、施設の改修を前提とした問題が多く、保全する地形、植栽、施設などの条件が提示されるので十分に理解したうえで解答する必要があります。

提案文章では、出題の課題に対する提案を簡潔に記述し、提案内容は計画条件、敷地条件から必然的に導かれる内容を分かりやすく記述することが求められます。

年度	テーマ	縮尺	必要施設	敷地条件	提案文章
2015	河岸段丘の斜面緑地と公民館を一体的に再整備する公園の計画	1/500	・公民館（配置） ・バリアフリー園路 ・斜面林内園路 ・芝生広場 ・湿生植物園 ・駐車・駐輪場	・公民館建設地に隣接する河岸段丘斜面地の公園 ・斜面緑地の保全活用 ・公民館は地域イベントの拠点 ・公共交通と接続する園路 ・斜面下部の湧水	・公民館、公園園地の配置計画について ・周辺への景観配慮、コミュニティ形成について
2016	既存の地形・植生を活かした植物園のリニューアル計画	1/500	・芝生広場 ・幹線園路 ・散策園路 ・湿生植物園 ・薬草園 ・展望広場	・大規模植物園内の一部 ・敷地東側は既存園地 ・敷地西側の不要園地を撤去の上再整備 ・大径木の保全	なし
2017	夕日が美しい湖畔を望む、既存キャンプ場の再整備計画	1/500	・芝生広場、ファイヤーサークル ・展望デッキ ・アプローチ道路、ロータリー、バス待機場、一般駐車場 ・デイキャンプ場 ・園路	・湖畔の景勝地内キャンプ場 ・良好な周辺樹林地 ・既存の沢地 ・既存セントラルロッジ ・幹線道路に接する既存出入り口	なし
2018	海沿いの傾斜地に建つ保養所における建物の配置と園地の計画	1/500	・センターレセプション棟とカフェ棟（配置計画） ・駐車場及び車廻し ・既存植栽と水系を活かした園地・園路	・海沿い傾斜地に立地する保養所 ・隣接既存林越しの海への眺望地 ・既存斜面林、梅林 ・湧水と沢地 ・既存の接道出入口	・建物と駐車場、車廻しの配置の考え方
2019	収益施設（カフェ）の設置に合わせた市街地中心の都市公園再整備計画	1/500	・カフェ棟（配置計画） ・街かど広場 ・芝生広場 ・子供の遊び場 ・動線計画（園路）	・鉄道駅付近で公共公益施設に隣接する都市公園 ・敷地内既存図書館 ・隣接文化施設 ・隣接公営高層住宅 ・既存樹木	・計画案の考え方 ・園路広場の考え方 ・カフェ棟の配置 ・街路形成について

2. 問題解答の基本プロセス

　敷地計画の問題解答の基本的なプロセスを、図2に示します。

2-2-1｜図2　敷地計画の問題解答の基本プロセス

❶問題内容の把握

【計画のテーマの確認】

　計画のテーマを把握し、敷地計画に求められている前提条件、機能、整備内容を把握します。

【基本的な空間構成の確認】

　はじめに、計画のテーマと課題および、敷地・計画条件から全体の空間構成を確認します。次に環境形成、景観創出の方針を確認します。

【主要導入機能と施設の確認】

　基本的な空間構成の把握とともに、主要な導入機能と施設（園路広場、便益施設、修景施設など）を確認します。

❷空間構成の検討

【敷地ゾーニング】

　問題内容を把握したら、設定空間、導入施設の同類の機能をまとめ、計画区域全体を幾つかのゾーンで構成するように検討します。これをゾーニングと呼びます。ゾーニング構成と方法は、以下の通りです。

・活動型、賑わい型、自然立地型などのゾーン毎の性格を明らかにする。

・ゾーン毎の概略の規模を配置する施設などから想定する。

・地形、植生、立地などからみて、個々のゾーンをどのエリアに配置するのが適切か検討する。

・ゾーン相互の融和、相乗、相補などを考慮して、配置構成を設定する。

・人の行動の円滑さ、活動の誘発、展開を考慮し、中核となるゾーン（コアゾーン）を選定し、配置する。

・樹林や地形による緩衝機能の発揮、景観の改善などのゾーン配置上の課題に対応する。

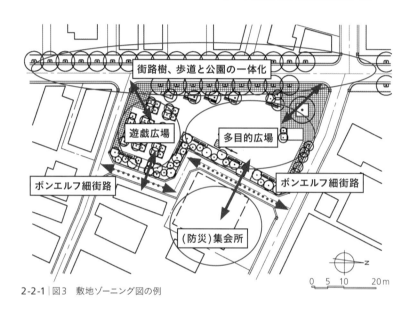

2-2-1 | 図3　敷地ゾーニング図の例

【動線計画】

　敷地ゾーニングと外部条件を踏まえ、人の動く"みちすじ"を設定するもので、各施設、空間との結びつきや移動の分かりやすさ、利用のしやすさなどの機能的側面と、景観の展開やストーリー性などの心理、印象的側面を考慮して設定します。動線計画の留意点は、以下の通りです。

・利用動線と管理サービス動線に分けて考える。また、それぞれの量に応じて主動線、細部動線などに分ける。

・動線は、具体的には、園路として計画・設計する場合が多いため、上述の量に応じて幅員も検討する。

・メインの出入口、サブの出入口などを、外部条件、各ゾーン、主要施設の配置と整合を図り、円滑な利用展開や敷地の"印象づけ"に配慮して設定する。

・主動線は、主要な出入口、拠点となるエリアや主要施設を結び、敷地全体の利用の骨格を形成する動線であり、分かりやすい構成とする。

・細部動線は、各ゾーン内の各施設相互の連絡や主動線の

補助機能として設定し、主動線とあわせて敷地内の利用ネットワークを形成する。

・管理サービス動線は、敷地内で周回できる構成とすることが望ましく、利用動線と兼ねることがある。

・維持管理のためのサービスヤードやレストランなどの施設のバックヤードへの動線は、外部から直接アクセスさせることも多い。

❸ 解答の作成

　計画のテーマおよび敷地ゾーニング、動線計画に基づいて、導入すべき施設・空間を配置した敷地計画図を作成します。　計画図作成の具体的な手順は、以下の通りです。

1) 出入口や主動線の設定

・条件図およびゾーニング図や動線計画図をベースに、出入口や主動線の概略を設定する。

2) ラフプランを作成する

・各施設・空間の規模・形態の概略を設定して、ラフプランを作成する。

3) 敷地計画図の作図

・基本方針および上記の項目に照らしてチェックし、再度、施設の規模、形状などを検討して解答の敷地計画図を作成する。

4) 提案文章の作成

・問題内容の把握により導き出された基本方針を、簡潔に分かり易い文章でまとめる。

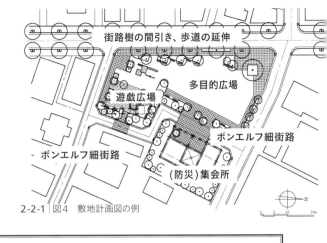

2-2-1 | 図4　敷地計画図の例

コラム 公開空地と街路計画・公園計画についての考察

■総合設計制度における「公開空地」

　都市の中でオープンスペースを確保することが困難な状況において、それを補完する「公開空地」（一般公衆が自由に出入りできる空地）があります。我々RLAには公開空地をつくりだす総合設計制度（建築基準法第59条の2）について理解することが求められます。

　総合設計制度とは、建築物の敷地に一定以上の広さの「公開空地」を設ける場合において、容積率および各種の高さ制限（道路高さ制限・隣地高さ制限・北側高さ制限・絶対高さの制限）が特定行政庁の許可の範囲内において緩和されるという制度です。

　これらの「公開空地」を組み合わせ、一般の人が通行、利用できるスペースを創出する能力がRLAに求められます。「公開空地」は歩道状空地、広場状空地などのタイプがありますが、これらを有効に組み合わせると良好な街路形成や公園計画が可能となります。

　2019年の敷地計画では、総合設計制度と街路計画、それに連動する公園計画の問題が出題されました。

■歩道状空地と接道緑化における街路樹

　街路樹は都市景観を構成する要素ですが、道路構造令上、建築限界（交通空間確保のため物体が無い範囲）という厳しい制約を受けます。一般的な街路樹の高木は、歩道と車道の境界部分に植栽され、車道部の建築限界はH4.5mと高いため、枝下が高く、偏った樹形にならざるを得ません。

　一方、総合設計制度を適用する開発事業では、法令により接道緑化や歩道状空地の確保が義務付けられます。このような場合、道路に沿って歩道状空地をゆったりとって、道路敷内ではなく歩道状空地内に街路樹を植栽し、接道緑化義務を満足させながら、街路景観を整えることが可能となります。

　この場合、樹形を制限する建築限界はH2.5mと低く、かつ車道の建築限界に影響されないことからゆったりと枝葉を伸ばした街路樹の形成が可能となります。

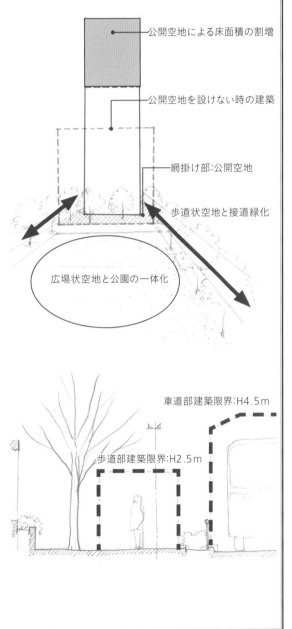

2017年問題と解答例

近年、キャンプ場は自然とふれあう場としてより身近となり、様々な体験ができる場として見直されてきています。2017年の問題では既存施設を利用した再整備計画がテーマとなっています。ここでは、敷地計画の基礎的知識、価値創出、生態系への配慮といった視点が問われています。

敷地計画では出題文から配慮すべき事項を把握し、活用可能な資源を的確に把握する必要があります。問題の解答例から条件を読み取るポイント、計画にあたっての留意事項、解答の手順を把握することが大切です。

I. 問題文の読み取りポイント

❶課題

対象地は、山麓地にある広域レクリエーション施設の一部で、夕日の眺めが美しい湖畔に位置する。従来のキャンプサイトが老朽化したため、新たな魅力ある施設としての再整備計画が求められている。本計画は、既存のキャンプ場施設の一部や、現況の自然的な資源などを活用し、新たなレクリエーション施設としてリニューアルすることを目指したものである。

1　セントラルロッジに付随する「芝生広場」と、「デイキャンプ場」を計画しなさい。

2　幹線道路からセントラルロッジに至る「アプローチ道路とロータリー」と、新たな「一般駐車場」を計画しなさい。

3　計画した広場やデイキャンプ場などを繋ぐ「園路」を設けなさい。

> 課題の対象を正確に理解する。アンダーラインやマーキングを行ってすぐに目に入るように工夫すると良い

❷敷地条件

☐ 計画対象地の西側は、湖の向こうに沈む夕陽が見える景勝地となっている。

☐ 計画対象地及びその周辺には樹林が広がっており、豊かな環境の中にある。

☐ 計画対象地の一部に、湖に注ぎ込む沢があり、沢底には湿性植物が群生する湿性園となっている。

☐ 東側には幅員6.0mの幹線道路が通っており、旧施設で使われていた入口部と出口部が残されている。

> 敷地条件は計画作成に影響する要素であるため、下書き用紙の対象地に書き込むと漏れがない

❸計画条件

1-1. 芝生広場

☐ セントラルロッジの西側に、面積1,500㎡程度の「芝生広場」を設ける。

☐ 広場内には、ファイヤーサークル(直径3.5m)を設けること。

☐ 広場に隣接して、夕陽を望む「展望デッキ」を設けること。

> 高低差のある敷地であるため、まとまった面積が必要な場合は平坦地の範囲を確認する

> 数値は下書きの凡例などに書き入れると間違いがなくなる

1-2. デイキャンプ場

☐ 沢の北側の敷地を利用して、バーベキューができるデイキャンプ場(面積1,200㎡程度)を設ける。

☐ デイキャンプ場には、トイレと炊事棟を、それぞれの用途にあわせて配置

> 平坦地を確認する

> 施設は通路の位置に着目し、利用と管理に配慮した配置、凡例の通りに記載する

すること。

□ 木陰をつくる高木（樹冠7.0程度）を、<u>周辺景観と緑陰効果に配慮</u>して適切に新植すること。　→ 新植高木はこれらの配慮が分かる表現とする

2-1. アプローチ道路とロータリー

□ 入口から出口を繋ぐアプローチ道路を設ける。

□ <u>セントラルロッジ東側の入口部にロータリーを設ける</u>とともに、<u>既存駐車場とも繋ぐ</u>こと。　→ 位置の変更ができない既存駐車場、ロッジ前舗装などを起点にして、アプローチ道路の必要な幅員をとり、設定する

□ ロータリー部の車路の幅員は7.0mとし、<u>大型バス1台分の駐車場</u>を併設すること。　→ 大型バスの軌跡を考慮し駐車場の位置を設定する

□ その他の部分の車路幅員は6.0mとする。

□ 団体客の一時待機用スペースとして、面積150㎡程度の芝生広場をロータリーに面して配置すること。

2-2. 一般駐車場

□ <u>一般車両15台分の駐車場</u>を、動線の円滑性と植生保全を考慮して設ける。　→ 駐車台数は凡例表に記載が無いため、下書用紙に書き入れると間違いがなくなる

□ 駐車場前面の車路は、幅員6.0mとする。　→ 駐車場と車路は既存樹林をよけた位置に設定する

3. 園路

□ 芝生広場外周とデイキャンプ場外周には、管理車両が通行可能な園路を設ける。

□ <u>管理用車両が通行可能な園路</u>は、<u>ロータリー、芝生広場、デイキャンプ場、一般駐車場、及び南側の既設キャンプ場を繋ぐように</u>配置すること。　→ 園路は配置計画において重要な要素である。求められている園路の種類と幅員を確認し、条件を満たすように計画する

□ 管理用車両が通行可能な園路は、幅員<u>3.0m以上</u>とする。

□ 芝生広場やデイキャンプ場に一般車両が入れないよう、必要な箇所に車止めを配置すること。

□ その他、動線として必要な個所に歩行者用園路を設ける。

□ 歩行者用園路は、幅員1.5mとする。

□ デイキャンプ場から沢底の湿生植物群生地を通って展望デッキに至る木道を設ける。

□ 木道は、幅員1.2mとし、表現は凡例に準じること。

❹解答における留意事項

□ 既存樹木は原則として保存することとし、樹冠投影範囲については、大幅な地形の改変や、構造物を配置しないこと。ただし、ロータリー計画部については、この限りではない。

□ 計画施設は凡例に従って表記し、名称を記入すること。

□ 凡例に表記のない施設は、その概要が分かる程度の表現とし、必要に応じて名称を記入すること。

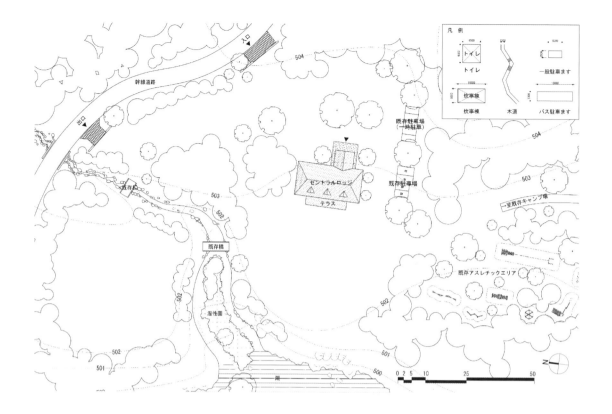

2. 計画のポイントと解答プロセス

❶計画のポイント

2017年の問題では、キャンプ場における既存施設を利用した再整備計画が問われています。

描画すべき内容は凡例により各種園路、芝生広場、ファイヤーサークル、展望デッキ、デイキャンプ場、屋外トイレ、炊事場、新植高木、アプローチ道路、大型バス駐車場、一般駐車場であることが確認出来ます。

周辺環境と地形は問題文の敷地計画と解答用紙の平面図より把握します。この時、問題文にはあっても平面図に記載されていない条件（夕陽が美しい湖畔）は下書き用紙に記入しておくと漏れがなくなります。

配置計画では、新しく設ける各種施設・園地との関係性をどう計画に落とし込むか、景観計画では夕陽が望める位置をどう確保するかがポイントとなります。さらに「既存樹木は原則として保存する」とあることから、既存樹木を残しながら動線計画を行い、修景的な効果をもたらすことが可能か検討を行います。

既存駐車場や既存アスレチックエリアへの動線は、管理動線の作業や管理のしやすさを考慮して検討します。なお、駐車ますの大きさや主要動線の幅員などの一般的に規格化されている寸法は、問題文に設計条件の記載が無いか確認することが必要です。

❷解答のプロセス

計画平面図の作成では条件の読み取りやプランニング能力の他に図面の見やすさなどの描画力が問われます。そのため、まず下書き用紙にラフプランを作成し、それを下敷きにトレースする解答プロセスが効率的です。

解答用紙以外では、シャーペンや鉛筆以外のペン類を使用しても良いため、下書き用紙では色分け、太字書きなどで解答者が理解出来るラフプランを素早く描画し、その後、清書ではシャーペンや鉛筆のみで太さや濃淡を描き分け採点者が見やすい丁寧な解答を作成します。

❸問題文からキーワードを抽出

与条件となるキーワードを問題文から抽出し、下書き用紙を活用して解答作成の準備を行います。計画条件や凡例に示される施設名称などを、与条件、描画対象、検討課題に分けて整理したうえで、与条件は下書き用紙に記入します。寸法や数量などは凡例表にメモしておくことで確認しやすくなります。

[既に決まっている条件]
・セントラルロッジ、既存駐車場8台、出入口、沢、既存橋、湿性園
・北側……既存樹林
・南側……既存キャンプ場・既存アスレチックエリア
・東側……幹線道路
・西側……湖 など

[計画上踏まえておくべき与条件]
・夕陽が見える湖畔の立地
・既存施設、自然的資源の活用
・東側幹線道路からのアプローチ
・既存キャンプ場、既存アスレチックエリアへ接続
・各所とつながる管理用車両動線
・動線の円滑性と植生の保全
・地形の改変は行わない など

[描画に関わる数値]
・芝生広場1,500㎡、ファイヤーサークル直径3.5m
・デイキャンプ場1,200㎡、トイレ6.5×6.5m、炊事場5×10m、新植高木の樹冠7m
・ロータリーの車路幅員7m、他の車路幅員6m
・団体用一時待機スペース150㎡
・一般駐車場15台
・管理用車両が通行可能な園路幅員3m
・歩行者用園路幅員1.5m
・木道幅員1.2m など

❹ボリューム配置（ゾーニング）

芝生広場、デイキャンプ場は利用上、平坦性が求められることを踏まえ、等高線を見ながら平坦地に単純な寸法でボリュームを落としておくとプランニングがしやすくなります。

団体客待機スペースはロータリー周辺に設定し、配置に際してはセントラルロッジとの関連性を考慮します。駐車場もまとまった面積が必要であるため、台数と通路を確保したボリュームを大まかに配置し、敷地をゾーニングします。

❺出入口と園路の設定（動線計画）

計画条件の出入口の記述より、ロータリーは既存駐車場とつなげ、大型バス1台分の駐車場を見込みます。管理用園路は周回が条件であるため、行き止まりにならないように注意します。歩行者用園路は、副動線として必要な箇所に配置します。

木道は周囲の等高線を読み取り、階段、段数を検討します。

設問ではバリアフリーに関する記述はありませんが、設計条件で問われた際には条件を読み落とさないように注意します。数値的な条件がない場合は園路は5％（1/20）より急にならなければ良いと考えられます。

解りやすい寸法でボリュームを落としてみる

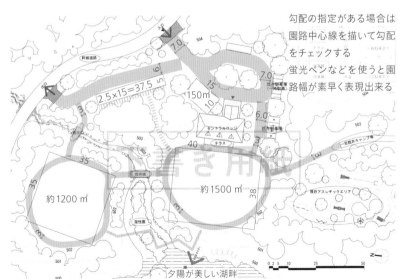

2-2-2｜図1　ボリューム配置（ゾーニング）の下書き記入例

勾配の指定がある場合は園路中心線を描いて勾配をチェックする

蛍光ペンなどを使うと園路幅が素早く表現出来る

2-2-2｜図2　出入口と園路の設定（動線計画）の下書き記入例

❻主たる施設の作図

　ボリュームの大きな広場の外形線となる外周園路から描き始めると、その後の作図がスムーズにできます。表現力もRLAにとって不可欠な能力であるため、見やすい平面図の作成に努めます。下書きを下敷きに、シャーペンなどを用いて細線のプランを作成します。

❼諸施設の作図

　ボリュームが大きな広場および駐車場、園路の配置を決めた後、ファイヤーサークル、展望台、屋外トイレ、炊事場、新植高木、諸施設の位置決めを行います。

　展望台は景観の良い場所に配置し、外部トイレ、炊事場は利用と管理に配慮した配置とします。高木は緑陰を形成するように間隔を考慮して配置を決めます。なお、下書きの時点では樹木の細かな表現は行わず、大きさのみを落とし込み、細かな書き込みは解答作成の最終段階で行うと効率よく作業ができます。

❽細部表現の記入

　ボリュームの配置が決まれば、細部の表現を行います。凡例を確認して芝生広場や諸施設などの記号を正確に平面図に落とし込みます。設問文では園路幅員や駐車場などの寸法、諸施設の名称の記入も求められているため、忘れずに描き込むように注意が必要です。

　設問ではモニュメントやサイン、休憩施設などの描画は条件になっていませんが、計画内容を補完するもので計画条件を損なわない提案であれば、RLAの資質向上に繋がることから、解答時間が十分にあれば積極的な提案に挑戦することも考えられます。

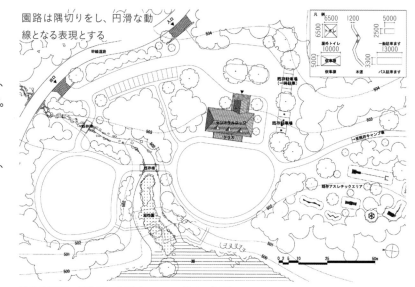

2-2-2│図3　解答案の作図プロセス-1（主たる施設）

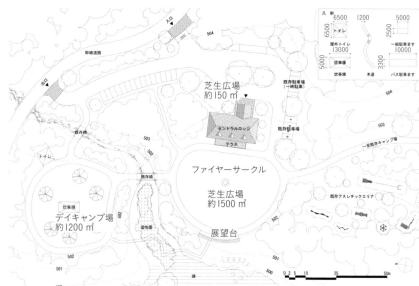

2-2-2│図4　解答案の作図プロセス-2（諸施設）

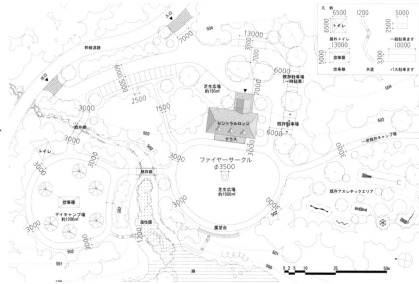

2-2-2│図5　解答案の作図プロセス-3（細部表現）

❾提案文の作成

2017年の問題では提案文の作成は問われていないため、作文の必要はありませんが、提案文の作成が必要とされる年度も多く見られます。下書きなどに作図の元絵を描き込むのと同時に、計画のポイントやキーワードなどを箇条書きにしておくと、提案文を効率よく作成できるため、あわせて行う事を勧めます。

3. 解答例

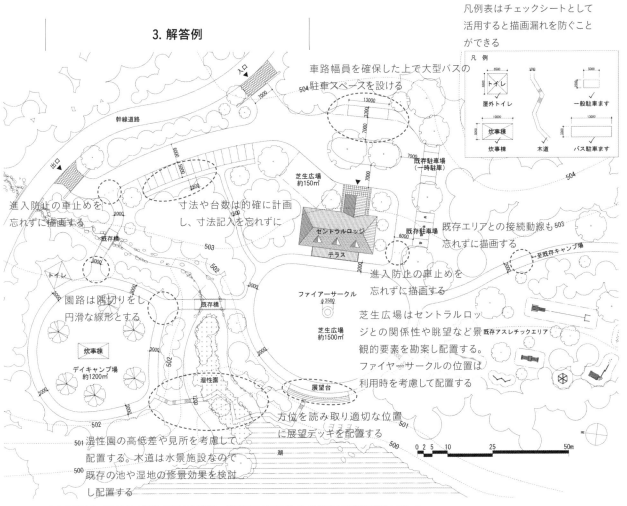

車路幅員を確保した上で大型バスの駐車スペースを設ける

凡例表はチェックシートとして活用すると描画漏れを防ぐことができる

進入防止の車止めを忘れずに描画する

寸法や台数は的確に計画し、寸法記入を忘れずに

既存エリアとの接続動線も忘れずに描画する

進入防止の車止めを忘れずに描画する

園路は隅切りをし円滑な線形とする

芝生広場はセントラルロッジとの関係性や眺望など景観的要素を勘案し配置する。ファイヤーサークルの位置は利用時を考慮して配置する

方位を読み取り適切な位置に展望デッキを配置する

湿性園の高低差や見所を考慮して配置する。木道は水景施設なので既存の池や湿地の修景効果を検討し配置する

2-2-2│図6　2017年の敷地計画の解答例　※下書き段階の記入例を図中文章に追記している

解答例その2

利便性を高めるため駐車場からの園路を作図している。必要な設計条件にはないので、園路がなくても減点とはならないが、加点対象の可能性がある

炊事場とトイレを併設させている。配置については、解答は1つとは限らないが、配置の理由を考えると良い

2-2-2│図7　2017年の敷地計画図の解答例　※計画の考え方を解説用に示している

2019年問題と解答例

2019年の問題では、開発事業に伴って設置される公開空地と公共空間である公園を、一体的に計画することが課題となっています。

この問題では、周辺施設や利用者の特性を考慮し、周辺施設と連続性のある公園として広場機能の確保や街路空間としての機能の確保が求められています。問題の解答例から条件を読み取るポイント、計画にあたっての留意事項、解答の手順を把握することが大切です。

....

I. 問題文の読み取りポイント

❶課題

計画対象地は、鉄道駅に近い公営高層住宅と文化施設の間に位置する都市公園である。本計画はこのような立地特性を活かし、Park-PFI制度による収益施設(カフェ)を導入して、賑わいのある公園へとリニューアルを行うものである。

1　カフェ棟を平面図に配置しなさい。

2　<u>周辺施設との連携を考慮した、本公園にふさわしい「街かど広場」と「芝生広場」を計画しなさい。</u>

3　周辺施設や上記2つの広場の配置、利用などに配慮した動線を計画しなさい。

4　本計画の考えを記述しなさい。

— 周辺環境との配置関係を読み取り、課題を正確に理解することが重要

❷敷地条件

☐ 本公園と一体的に利用される<u>公共図書館、文化施設、公営高層住宅</u>が隣接する。

— 各施設と公園の位置関係を把握する

☐ <u>公営高層住宅には、子育て世代や高齢者世帯が多く入居し、低層部には区民センターと保育園が併設されている。</u>

— 利用者の年齢層、周辺施設の特性から、幼児や児童の安全な遊び場づくり、多世代交流の場づくり、公共施設利用者の憩いの場づくりなどが求められていることを読み解く

☐ 敷地及び周辺は、ほぼ平坦であり、バリアフリーが確保されている。

❸計画条件

I. カフェ棟(Park－PFI制度・公募対象公園施設)

☐ カフェ棟は、地上1階建てとし、規模及び間取りは凡例に示した通りとする。なお、カフェ棟の表示は建物の外郭線のみで良い。

☐ アプローチや公園内への<u>眺望</u>などに配慮するとともに、文化施設や公共図書館などと連携して、次に述べる「街かど広場」を形成するように配置すること。

— 動線、眺望などを考慮

2-I. 街かど広場(Park－PFI制度・特定公園施設)

☐ 上記に示した「カフェ棟」の利用とあわせた<u>面積600 ㎡以上の広場</u>を設けること。

— 各広場での必須条件(面積など)を確認する

2-2. 芝生広場

☐ イベントやお祭りが開催できる<u>面積1,500㎡以上の広場</u>を設けること。

各広場における必須条件（面積など）を確認する

☐ 芝生広場の一部に、緑陰を作る既存樹との位置関係を考慮して<u>300㎡程度の子供の遊び場</u>を配置すること。

3. 動線計画

☐ <u>公園内の街かど広場、芝生広場と周辺施設（文化施設、公営高層住宅、公共図書館）をつなぐ動線</u>を設けること。なお、<u>広場内を通る動線</u>などは、明確な園路でなくても良い。

必要な動線（どこを結ぶか）を把握する

☐ <u>東側道路（幅員10m）は歩道幅が狭く、西側道路（幅員6m）には歩道がない</u>ことから、東側と西側の道路に沿って<u>公園内に歩行空間（幅員2.0m以上）を設ける</u>こと。

周辺の幅員との関係性も理解し、設ける歩行空間を把握する

4. その他

☐ <u>街かど広場と芝生広場内には、休養施設を適宜配置</u>すること。

周辺環境、利用者の動線などを考慮し、休養施設の配置、植栽の提案を行う

☐ <u>周囲の環境や計画する施設に配慮した植栽を配植</u>し、計画平面図として完成させること。なお、樹種の記載は行わなくても良い（樹種名記載は採点対象外）。

❹解答における留意事項

☐ 計画施設は凡例に従って表記し、各施設名を表記すること。

☐ 凡例に表記のない施設は、その概要が分かる程度の表現とし、必要に応じて名称を記入すること。

☐ 図面表現を工夫し、<u>分かりやすく見やすい図面</u>とすること。

分かりやすい図面表記として、凡例に従い各施設名を表記し、寸法表記をするように心掛ける

❺敷地周辺図

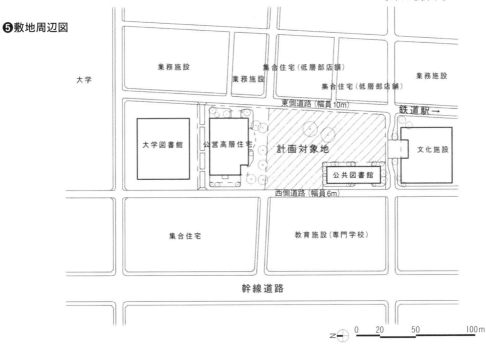

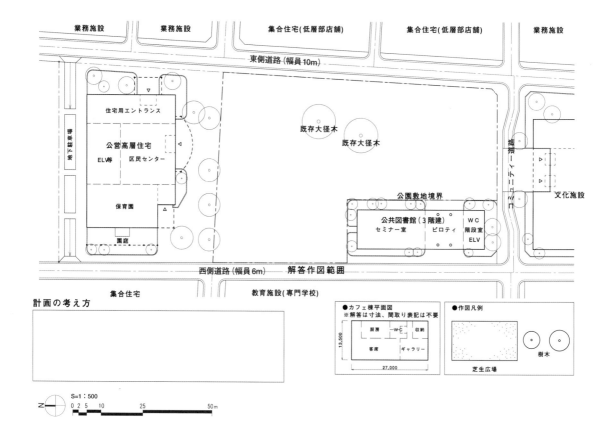

業務施設　業務施設　集合住宅(低層部店舗)　集合住宅(低層部店舗)　業務施設

東側道路(幅員10m)

住宅用エントランス

既存大径木
既存大径木

公営高層住宅
ELV等　区民センター

地下駐車場

保育園

園庭

公園敷地境界

コミュニティー道路

文化施設

公共図書館(3階建)
セミナー室　ピロティ
WC
階段室
ELV

西側道路(幅員6m)　解答作図範囲

集合住宅　教育施設(専門学校)

計画の考え方

●カフェ棟平面図
※解答は寸法、間取り表記は不要

13,500

厨房　WC　収納
客席　ギャラリー

27,000

●作図凡例

樹木

芝生広場

S=1：500
0 2 5 10　　25　　　　50m
N

2. 計画のポイントと解答プロセス

❶計画のポイント

　2019年の問題では、鉄道駅にほど近い、公営高層住宅と文化施設に隣接する都市公園の再整備計画が問われています。問題文、平面図より周辺施設との位置関係をイメージし、住民、利用者の年齢層を把握し、賑わいのある公園の提案が求められています。

　配置計画のポイントは、各広場と周辺施設からの人の流れを意識し、その関係性をどの様に計画へ盛り込むかが重要となってきます。

　カフェ棟は、周辺施設からのアプローチと公園内(街かど広場、芝生広場)への眺望の確保を念頭に配置を決めます。また、カフェ棟は街かど広場の一部となるように検討します。

　芝生広場は、イベントやお祭りを開催出来る広さを確保します。芝生広場内に位置する子供の遊び場は、大きな既存樹による緑陰の機能を考慮した配置を検討します。また、各広場には休養施設を適宜配置する事や、周辺の環境や計画する施設に配慮した植栽を配植する事も課題となっています。人々の動線との関係性も十分に考慮し、計画を行う必要があります。

　東側と西側の道路には歩道がないため、公園内に歩道を配置することを提案します。位置や幅員の寸法などは問題文をよく読み、記載内容を確認します。

❷解答のプロセス

　計画平面図は、問題文と条件を正確に読み取り、計画に反映させ、分かりやすく表現します。

　まず、下書用紙には、条件から読み取ったボリュームを配置し、それらを繋ぐ動線を矢印や太線などで表現します。下書き用紙に解答用紙を重ねてトレースできる濃さとし、見分けが可能な色分けなどを行います。

　トレースは十分な時間を確保し、細線で時間をかけずに描写し、線のメリハリなども加えながら採点者が見やすい丁寧な平面図を作成します。平面図を作成しながら、各広場、施設の配置、動線などの計画のポイントをメモしておくと、後の説明文の作成を効率良く行うことができます。

❸問題文からキーワードを抽出

　与条件となるキーワードを問題文より抽出し、下書用紙を活用して解答の準備を行います。

　周辺施設の利用者年齢層、各広場の名称などから、広

さ、寸法などを与条件や描画対象の有無などの観点から整理する事が大切です。

　これらは下書き用紙にメモをしたり、問題文にマーカーを引くなどして明確にし、確認しやすく工夫します。

[既に決まっている条件]
・街かど広場:カフェ棟からの利用も考慮する
・芝生広場:イベントやお祭りが開催できる
・子供の遊び場:既存樹の緑陰を利用し、芝生広場内に設置
・動線:広場と周辺施設を結ぶ(園路でなくて良い)
・歩行空間:東・西側の道路に沿って確保
・既存樹2本の保全 など

[計画上踏まえておくべき与条件]
・公共図書館、文化施設、公営高層住宅が隣接
・公営高層住宅に子育て世帯、高齢者世帯が多い
・低層部に区民センターと保育園が併設
・敷地周辺は平坦でバリアフリー
・アプローチや公園内への眺望を確保したカフェ棟
・広場内に休養施設の配置 など

[描画に関わる数値]
・街かど広場:600㎡以上
・芝生広場:1500㎡以上
・子供の遊び場:300㎡
・歩行空間:幅員2.0m以上確保 など

❹ボリューム配置(ゾーニング)

　はじめに東側と西側の道路に沿って歩道を確保します。

　次に街かど広場は、カフェ棟の配置、周辺施設へのアクセス、公園への眺望などが求められていることから、街かど広場はカフェ棟を含めて600㎡であるため、30m×20mなどの切りのよい寸法で計画するとボリュームが把握しやすくなります。

　芝生広場は、30m×50mなどの単純な寸法をもとに計画します。芝生広場内の子供の遊び場は、既存樹木を含むことを忘れずに計画します。

2-2-3 | 図1　ボリューム配置(ゾーニング)の下書き記入例

❺出入口と園路の設定(動線計画)

　問題文の条件から、周辺施設や各広場などの利用などに配慮します。文化施設〜公共図書館〜公営高層住宅をつなぐ動線を、公園内の利用動線としても適切に機能するように表現することが重要です。

　また、西側の道路沿いに計画する歩道は、公共図書館北側の出入口に連続し、安全なアプローチが確保されていることも重要なポイントになります。この時、説明文との整合性もあわせて検討する必要があります。

2-2-3 | 図2　出入口と園路の設定(動線計画)の下書き記入例

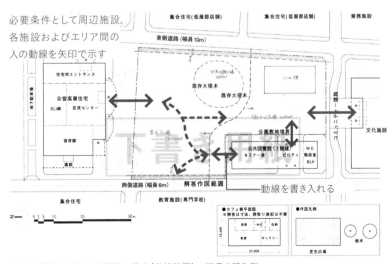

❻主たる施設の作図

　はじめに、下書きの上に解答用紙を重ねてトレースし、無駄な線がない明瞭な図面作成を行います。条件が決まっている歩道や、各施設を繋ぐ動線の作図から進めます。表現力も採点基準となるため、定規とフリーハンドを組合せ、ゆがみ、かすれ、途切れの少ない作図を心掛け、線の太さや表記の方法を工夫しながら解答案を作成します。

❼諸施設の作図

　歩道などの主たる施設を作図した後、既存樹の緑陰を含んだ子供の遊び場エリアを作図します。

　街かど広場に属するカフェ棟への周辺施設からのアプローチを考えて配置を決めていきます。各広場には休養施設が必要とされていますが、動線との兼ね合いや修景を配慮し、配置を決めていく必要があります。

❽細部表現の記入

　諸施設の作図の後に、細部の表現の工夫を行います。凡例、問題文をよく確認し、表現方法や施設の大きさを正確に平面図に記載していきます。カフェ棟は外郭線のみで良いとされていますが、出入口や客席などの位置は設定する必要があるため注意します。凡例に表記がない施設は、P43の❹留意事項にあるように、概要が分かる表現を行い、必要に応じて名称を記入します。

❾提案文の作成

　提案文と計画との整合性を取るためには、ゾーニング、動線計画、諸施設の計画を行う過程でキーワードを抽出しておくことが重要です。

　提案文は賑わいのある公園へのリニューアル構想についての説明がな

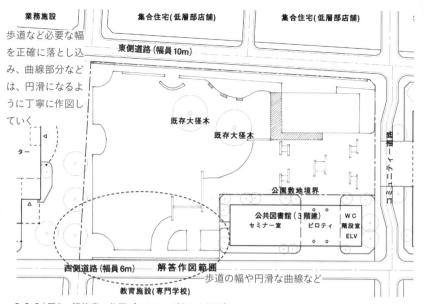

歩道など必要な幅を正確に落とし込み、曲線部分などは、円滑になるように丁寧に作図していく

歩道の幅や円滑な曲線など

2-2-3｜図3　解答案の作図プロセス－1（主たる施設）

2-2-3｜図4　解答案の作図プロセス－2（諸施設）

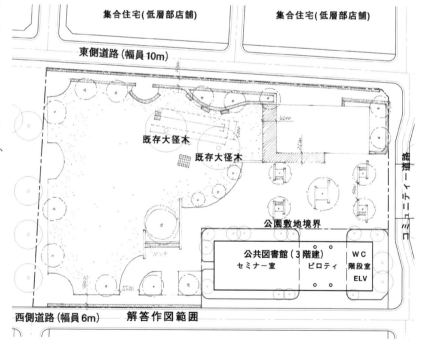

2-2-3｜図5　解答案の作図プロセス－3（細部表現）

されているか、街かど広場(カフェ棟も含む)、芝生広場(子供の遊び場も含む)、各々の計画が明確に記載されているか、周辺施設への動線、公園内の動線について説明されているか確認します。

　提案文は箇条書きでも、一節の長文でもどちらでも問題はないため、明確に意図を説明できる方法で記述することが重要です。文章量は、解答欄の最低7割以上を満たすように心掛けます。

鉄道駅に近い公営高層住宅、文化施設の間という立地を活かし、「賑わいある公園」を目指し計画を行った。

○人々の動線を考慮し、カフェ棟・街かど広場は人の出入が多い文化施設や図書館に隣接する場所を選定し、芝生広場は子供達がアクセスしやすいように保育園や住宅に隣接した場所とした。

○子供の遊び場周りは飛び出し防止のため、低木により境界を設け、近接施設との間は施設と公園とが一体となり、人々が行き交いやすいように、高木+地被の植栽とし、一部は近接と同様のペーブメントとした。

○東西の歩道も緑に囲われ、公園の一部と感じられるように、幅員の確保と共に高木や低木を街路に沿って効果的に配置した。

○子供の遊び場は、緑陰ができる場、かつ、保護者が見守れる位置に休養施設(ベンチ)を設けた。

2-2-3│図6　提案文の記入例

3. 解答例 (図面)

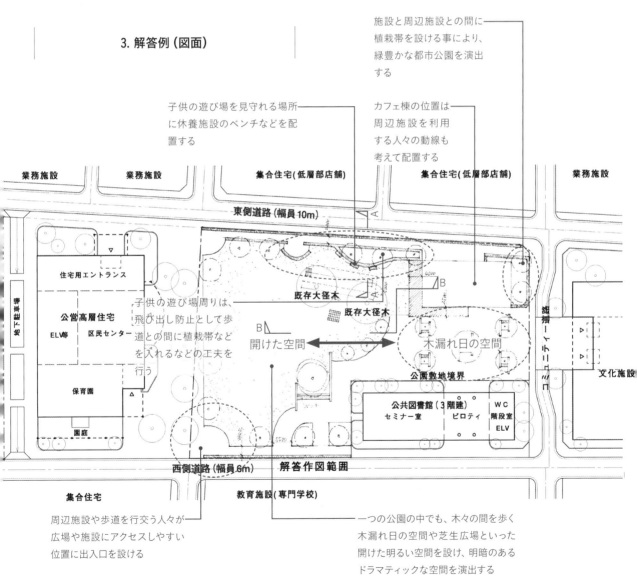

施設と周辺施設との間に植栽帯を設ける事により、緑豊かな都市公園を演出する

子供の遊び場を見守れる場所に休養施設のベンチなどを配置する

カフェ棟の位置は周辺施設を利用する人々の動線も考えて配置する

業務施設　業務施設　集合住宅(低層部店舗)　集合住宅(低層部店舗)　業務施設

東側道路(幅員10m)

住宅用エントランス

公営高層住宅
ELV等　区民センター

保育園

園庭

既存大径木

既存大径木

子供の遊び場周りは、飛び出し防止として歩道との間に植栽帯などを入れるなどの工夫を行う

B　開けた空間

木漏れ日の空間

公園敷地境界

公共図書館(3階建)
セミナー室　ピロティ　WC 階段室 ELV

文化施設

西側道路(幅員6m)　解答作図範囲

集合住宅

教育施設(専門学校)

周辺施設や歩道を行き交う人々が広場や施設にアクセスしやすい位置に出入口を設ける

一つの公園の中でも、木々の間を歩く木漏れ日の空間や芝生広場といった開けた明るい空間を設け、明暗のあるドラマティックな空間を演出する

2-2-3│図7　2019年の敷地計画図の解答例　※下書き段階の記入例を図中文章に追記している
※図中の断面位置は次頁の「解答例の補足説明」の断面図位置を示している

4. 解答例の補足説明

　試験では計画平面図の作成と計画意図の文章を記述することで完了ですが、実務における計画・設計の内容を踏まえて補足説明をします。

　平面の空間構成は計画平面図を作成することによって明らかになりますが、この段階では立体的な空間イメージの把握や伝達は十分ではありません。そこで、実際の計画作業では断面図にする検討作業を行います。断面図による検討では、地形、各施設の形状、植栽などの関係性を検討して立体的な空間構成を把握します。このようなプロセスを踏むことにより、空間イメージを確かなものとして、基本設計、実施設計へ移行していきます。

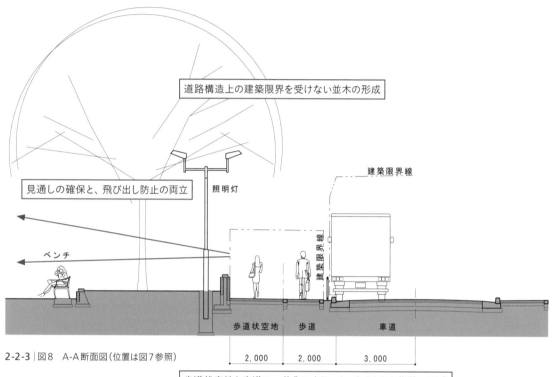

道路構造上の建築限界を受けない並木の形成

見通しの確保と、飛び出し防止の両立

ベンチ

照明灯

建築限界線

建築限界線

歩道状空地　歩道　車道

2,000　2,000　3,000

2-2-3 ｜ 図8　A-A断面図（位置は図7参照）

歩道状空地と歩道の一体化により、ゆったりとした街路の形成

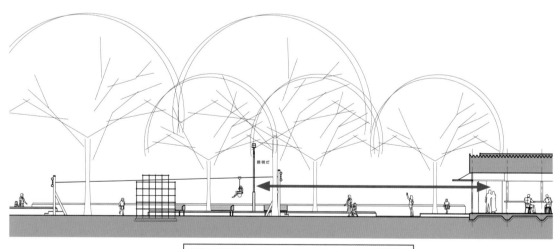

照明灯

子供の遊び場とカフェ棟屋内との一体的な空間構成

2-2-3 ｜ 図9　B-B断面図（位置は図7参照）

第三章

二次試験 その2

Chapter 3: Secondary Examination Part 2

3-1 造成・排水設計

ランドスケープデザインでは、計画地の地形などの空間特性を読み取り、ランドスケープの基盤となる安定した地盤を形成することが求められます。また、安定した地盤を成立させるためには雨水の適切な排水処理が求められます。ここではランドスケープの空間の骨格を支えている造成・排水設計を解説します。

3-1-1 造成・排水設計とは

ランドスケープにおける造成設計とは、敷地計画に具体的な計画高を与えて、切土、盛土、土留め、整地などにより対象地の基盤の地形を形成するものです。造成設計は、対象地の既存樹木や植生などの自然環境を保全・再生することを前提として、地形の安定性の確保、動線の確保、レクリエーションの場となる平坦地などの確保、ランドフォームによる景観の形成、雨水排水機能の確保などを目的に行います。

ランドスケープにおける排水設計とは、雨水排水施設や雨水地下浸透施設の設置により、対象地において適切に雨水を処理するものです。排水設計では、地形の安定性を維持するとともに、排水性を高めることで、利用性能の向上をもたらすことを目的に行います。また、排水施設は自然の水循環のプロセスのなかで重要な役割を担います。排水施設は表面排水の適切な処理とともに、雨水の地下浸透による水循環の保全などに寄与します。

I. 出題の傾向と対策

過去の出題は、既存地形と植生を保全しつつ新たに園路や広場などを設け、それに伴う雨水排水施設を設計する出題が多く、設計条件をもとに造成設計と排水設計を整合させて、ひとつの案としてまとめていく能力が求められています。

造成・排水設計では、次の基礎知識が必要となります。
・ユニバーサルデザイン、バリアフリーに関する知識
　（園路勾配や幅員）
・法面の安定勾配
・等高線の読み取りと整合
・排水施設の配置に関する基礎知識（法面、園路、広場排水）
・植生の保全、樹冠と根系の関係

近年は、設計条件として、地形の大きな改変を行わないことや既存地形との景観的連続性に配慮することなどが求められる傾向にあります。これらの設計では全体の空間を読み取る能力のほか、近年では、防災・減災や雨水地下浸透に関わる知識なども必要になっています。

造成・排水設計に関わる割付設計に関する出題については、近年、減少しています。割付設計とは造成・排水設計に基づき施設の平面配置や位置、勾配を正確に伝達するための設計です。割付設計では、割付基準点の設定、園路延長と勾配表記、園路幅員の表記などの基本的事項を理解しておく必要があります。

出題年	課題	縮尺	敷地条件	必要施設や設計条件											
				造成					排水				割付		
				計画高	既存樹木の保全	等高線	広場	園路	バリアフリー	水勾配	排水施設・経路	浸透施設	寸法	勾配	排水種別
2015	渓流園地のある風致公園	1/300	既存の湧水と水辺デッキがある傾斜地	○	○	○		○	○		○	○	○	○	
2016	環境保善に配慮した街区公園	1/300	貴重植物群のある傾斜地	○	○	○			○		○	○	○	○	
2017	丘陵地にある花畑園路	1/300	農業用水路と段々畑の果樹園	○	○	○		○	○		○	○	○	○	
2018	丘陵地にある総合公園内の野外イベント広場	1/300	一次造成が完了した平坦地	○	○	○	○	○	○		○			○	○
2019	自然公園内のロードパーク	1/300	住宅地にある高低差のある公園	○	○			○			○	○		○	

2. 問題解答の基本プロセス

❶敷地条件の読み取り

周辺地域の自然環境や立地特性から、広域の地形や土壌特性などを踏まえて敷地の特性を把握する必要があります。さらに敷地外周部の与条件である、現況地形、建築との取り合い、道路との関係から、敷地の立体的な空間構成に対する理解を深めます。

❷設計条件の読み込み

造成設計に関しては与条件として、現況地形、建築、隣接する道路との高さ関係があり、それらを把握し、保全すべき樹木などがあれば、その地形を保全することを前提とします。園路の計画では必要な勾配や踊り場を設定します。排水はどこに流末施設があるのか、浸透など表面排水以外に何が求められているのかなど、問題を解いていくための設備や機能に関する条件を読み込みます。

❸設計方針の設定（造成設計・排水設計）

敷地条件及び設計条件に沿ってゾーニングを行い、基盤となる空間構成と造成面を決定する地盤高を設定したうえで、以下の手順で検討を進め、造成設計を行います。

①園路が成立するか、②保全が求められている既存樹木を保全できるか、③安定した法面勾配は確保できるか、④視線制御など求められている機能は確保できるか、⑤建築や構造物との整合は取れるかなどを見極め、概略の寸法を設定しながら造成設計を行います。

造成設計の検討と同時に排水条件を確認し、以下の手順で検討を進め、排水設計を行います。

①排水方式の設定、②集水域の設定、③排水管路網の設定、④配管の可否の確認、⑤流末の排水施設への接続方法や高さの設定、⑥配管の勾配の設定、⑦排水施設の設定を行ったうえで建築との取り合いなどを確認し、排水設計を行います。条件を満たせない場合は、もう一度地盤高の設定など、造成設計を見直し、検討を重ねていきます。

❹園路、道路、広場などの設定

園路などの平面計画が定められている場合は、それに従って縦断勾配を設定します。園路が一定距離でかつ一定の高低差を超えた場合、踊り場も必要になるため、それらを踏まえた勾配を設定します。表面排水については、多量の雨水が舗装面を流れないように、勾配と併せて排水施設の設置位置を考えます。また、舗装面には水が溜まらないように、縦断とともに横断勾配との関係でどの方向に表面排水が流れるかを立体的に把握し、排水施設との整合を図ります。

❺等高線の設定

造成設計の方針に従い、園路との整合を図りながら等高線を設定します。与条件となる地盤高（既存樹木、建築物など）を確認し、表面排水がどのように流れるか矢印などで示して、排水施設の計画と整合させます。それと同時に、安定した法面勾配となっているか、視線制御などが

要求されている場合は人の視線と対象物と地形との関係を検証します。

❻排水施設・管路の決定

　排水設計の方針に従い、合理的に排水できる施設（U型側溝、有孔管、素掘側溝など）や集水桝などを配置し、流末までの管路網を設定します。既存樹木の根系回りや構造物などの管路を通せない部分がないか確認し、排水勾配、排水施設の高さ設定について数値上、合理的な管路設定と管径設定を行います。さらに豪雨対策として必要に応じて調整池やバイパス管路などを設置することも検討します。

❼図面の作成

　前述の検討を踏まえ、等高線、排水施設、管路、排水勾配、舗装勾配などの仕様・寸法などの情報は、メリハリをつけて分かりやすく表現することが大切になります。

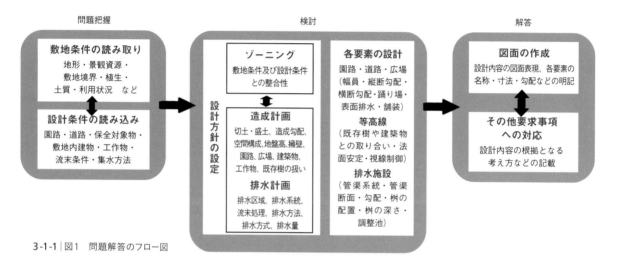

3-1-1│図1　問題解答のフロー図

---

3. 造成・排水設計の基礎知識

❶造成設計

①ランドスケープ分野における造成設計

　造成設計において防災への配慮、安全性を確保することは必要条件であり、法面勾配や排水処理を適切に設定する必要があります。また、環境や景観の基本構成となる地形づくり、快適な空間づくりや植栽基盤と密接な関わりがあります。

　これらが、土木分野の造成設計と、ランドスケープ分野における造成設計が異なる点です。土木分野では造成工事は「土構造物」という基本概念で成し遂げられるのに対し、ランドスケープ分野では環境、景観、快適性を重視した造成設計が行われ、さらに、「植栽基盤」を形成することを主眼としていることが特徴です。

②法面勾配

　法面勾配の基準は土質によって異なりますが、概ねの目安は、切土に対しては1:1.5以下、盛土に対しては1:2.0以下の勾配が標準です。しかし、法肩や法尻に対し

ラウンディングをとるため、全体では、より緩い勾配を設定する必要があります。

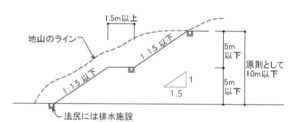

3-1-1│図2　切土法面の断面図

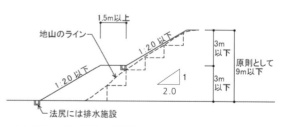

3-1-1│図3　盛土法面の断面図

③造成による空間構成技法

　造成によって形成される地形は、空間の基盤を成します。地形の形態は、空間の構成および機能と性質を決定するため、大切な要素です。以下に造成により地形を形成する技法の例と効果を示します。

3-1-1 | 表2　造成により地形を形成する
　　　　　　技法の例と効果

土を支える
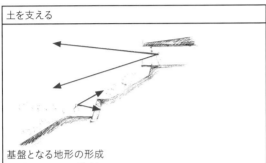 基盤となる地形の形成 ・平坦スペースの確保 ・眺望の確保、安定の確保など
土を盛る、掘る
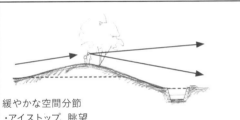 緩やかな空間分節 ・アイストップ、眺望 ・視覚の誘導、連続性の確保など
土で囲む
 外部の影響を遮断 ・安定的な空間の創出 ・視線の誘導など
土で覆う
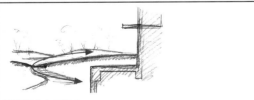 構造物を土で覆う ・緩やかな空間の創出 ・視覚の連続性の確保など

❷園路設計

　園路設計では、特にバリアフリーに配慮した勾配や幅員に配慮する必要があります。

①勾配および踊り場

　車いすの通行に配慮するために、勾配は5％(1/20)以下に設定します。また、園路の高低差75cmごとに1.5m以上の平坦部(踊り場)を設けます。従って、5％勾配では、平面寸法15mごとに1箇所の踊り場を設置することになります。

②幅員

　園路の有効幅員は1.2m以上、車いすが回転する踊り場の有効幅員は1.5m以上、車いす同士がすれ違える場合の有効幅員は1.8m以上確保する必要があります。

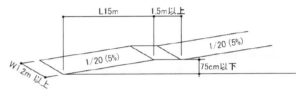

3-1-1 | 図4　園路勾配のとり方

❸排水設計

①排水設計の視点

　造成設計と排水設計は、一体的に設計する必要があります。微細な地形を読み込む事により、表面排水がどのように流れ、集まるか、どの部分に雨水を流してはならないか、どこを水はけを良くするかなど、雨水の排水性を考える事が重要です。

　また、地下水を含めた水循環や水景として排水施設を考える事がランドスケープアーキテクトとして重要な視点となります。

②排水施設の目的

　自然環境に排水施設は無く、自然に流下する流路があるだけです。ランドスケープ分野における排水設計では、自然環境の保全の観点から地形の浸食を防ぐ事が求められます。特に、法肩、法尻の排水は重要であり、スロープの排水も法面排水と同様に必要な施設です。施設を快適に利用することを考慮すると、園路や広場は水はけを良くする雨水排水施設が必要です。それ以外で多少の水が溜まっても良い場所を設けることで、雨水貯留、流出抑制などに利用することもあります。

③排水施設の基本的構成

公園などの雨水排水は、面、線、点という基本構成により集水され流下処理されます。

面は広場、水みちや側溝は線、集水桝は点にあたり、さらに線である排水管で集めた水を放流していきます。

④排水系統の基本的考え方

水みちは地形、微地形を読み解き探り当てます。斜面の隅角部が水みちとなります。また、一見、単一な斜面に見えても、歪んだ箇所が水みちとなります。

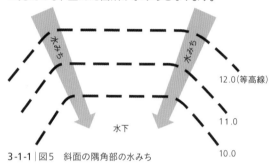

3-1-1│図5　斜面の隅角部の水みち

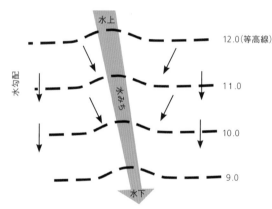

3-1-1│図6　単一斜面の水みち

建築分野では、屋根の排水は尾根の位置によって排水方向を決め、その水下に軒樋を設け、集水器に集めて竪樋から地上に排水します。

ランドスケープ分野における広場の排水設計においても勾配は異なるものの、考え方は同様です。平坦な広場では、利便性を損なわない程度に尾根をつくり外周側に排水します。屋根でいう軒樋が側溝、集水器が集水桝に該当します。

3-1-1│図7　寄棟屋根を想定した広場排水のイメージ

また、排水系統を自然物に置き換えて発想することも重要です。例えば、葉脈や樹木の形態は河川の水系と地形との関係を想起させます。

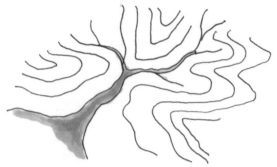

3-1-1│図8　河川の水系と地形の関係のイメージ

⑤排水と景観

雨水排水施設を機能的な排水施設として扱うだけではなく、景観構成要素として取り扱うことも重要です。

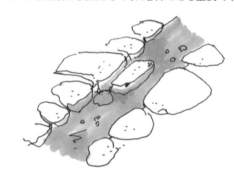

3-1-1│図9　自然石による側溝

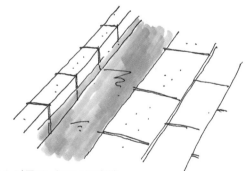

3-1-1│図10　切石による側溝

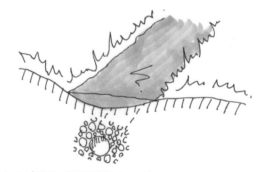

3-1-1│図11　素掘側溝（スウェール）

❹排水施設

排水施設の設定に際しては、集水域の適切な設定が前提条件になります。

①排水勾配

舗装面の排水勾配については、施工精度にも留意して1.0％程度とし、確実な表面排水を計画します。芝生広場などの緑地に対しても、2〜3％程度の表面勾配を確保するか、または、有孔管を埋設した暗渠による排水を計画する必要があります。

②U型側溝などの排水施設

設定された集水域に対して有効な表面排水施設、例えば、U型側溝や集水桝などを計画します。さらに、側溝・桝蓋などは滑り防止、ピンヒール対策、強度、メンテナンスなど総合的な観点から場所に応じて適切な仕様を選択します。

③管路

管路については、無駄の少ない合理的な管路網を設定し、流末の接続高さからルートを追って、排水管の勾配が十分に確保できるように計画します。配管の土かぶりは、一般的に舗装構成の厚さ以上を確保します。道路下で浅い場合はコンクリート巻きなどの補強を行います。一方、土かぶりが1m以上になると、掘削量などが増えるだけではなく、接続桝や集水桝がタラップの設置された人孔となり、コスト増の要因となります。

既存樹木を保全する場合、その根系との関係に配慮して管路を設定します。基本的には、樹冠に覆われた範囲の地中には根があるため、掘削によってダメージを与えないように、その範囲から管路を避けるように計画します。

施工に対する配慮としては、桝に対して複数の配管が一方向から接続されることがないように注意が必要です。

メンテナンスに対する配慮としては、管路の長さに対し、管径600mm以下の場合は、最大間隔75m以内に1ヶ所接続桝を設け、点検や清掃などの維持管理に配慮します。

❺浸透施設

公園緑地などの雨水を浸透施設や透水性舗装により一時的に貯留し時間をかけて浸透させることで、ヒートアイランドの抑制や排水インフラへの負担軽減、地下水の涵養、動植物の生息・生育環境の提供などに寄与するグリーンインフラとして機能することが近年期待されています。

近年の設問では、地形や植栽になじみ、土木構造物の露出を抑えた景観を形成する浸透施設を問う傾向が見られます。代表的な例として素掘側溝（スウェール）を使った排水処理があげられます。重要なデザイン要素にもなるため、機能性や修景に配慮して計画していきます。

一般的な浸透施設としては、浸透桝や浸透トレンチなどがあり、これらを組み合わせながら、地中への雨水浸透を図り、自然の水循環の保全を考えます。ただし、これらの施設の浸透機能を確保するには、立地特性を見極める必要があり、設置する土層に十分な浸透能力が確保され、設置位置が地下水位より十分に高いことが条件になります。また、防災上の配慮も必要で、法肩など斜面地の上部で浸透させることは、地滑りなどのリスクを高めることになるため、注意が必要です。

また、近年の集中豪雨対策として大型の浸透貯留槽の設置が求められることが多くなっているため、基本的な知識が必要となってきます。地域の特性に合った指針を示している自治体が多く、設計時に確認する必要があります。

❻造成計画と植物

①法面植栽

高木植栽が可能な法面勾配は1:3（低木では1:2以下）の緩い斜面を形成する必要があります。急斜面では、地被類による植生工により、土壌の流出を防止することを考慮します。

②既存樹木の保全

一般的に高木の根系域の範囲と樹冠投影範囲は、同等と考えられるため、園路設計や造成設計では既存樹木の樹冠を外して設計する必要があります。

❼植栽基盤

①植物の良好な生育に資する植栽基盤

植物が良好に生育するためには、P56図12のように根が十分に伸長できる軟らかく、透水性・排水性の良い、適度の保水性と適度の養分を持つ植栽基盤の整備が不可欠です。

②造成地の植栽基盤

造成地では、重機の過度な転圧による不透水層の形成に注意する必要があります。P56図13のように不透水層ができると土中の排水不良で根腐れを起こす危険性が高いため、基本的には植栽地への重機の乗り上げを制限しますが、止むを得ない場合は通路を限定した上で

地表部の十分な養生（鉄板敷など）を行うようにします。

③海岸地の植栽基盤

海岸地では、風が強く、塩害などが発生する特殊な環境であるため、図14のように植栽基盤となる砂質土を堆砂工、静砂工などの補助工作物によって安定させる必要があります。

④低湿地の植栽基盤

低湿地では、耐水性が高い樹種による植栽が基本ですが、図15のように必要に応じて表土盛土や暗渠排水工によって植栽基盤を形成します。

⑤傾斜地の植栽基盤

法面では表土の安定と緑化基盤の確保のため、図16のように編柵工などを用いて植栽基盤を形成します。

⑥人工地盤上の植栽基盤

建築物周りは、敷地の高度利用と緑化を両立するため、地下躯体上部の緑化、屋上緑化、壁面緑化など、人工地盤における緑化技術が必要となります。

人工地盤上緑化は熱源でもある建物の熱循環の改善、住環境・オフィス環境などにおける景観的向上、生物多様性の向上など、様々な利点がある一方、配慮が不十分な場合、管理や運営に多大な負担をかける場合もあります。

人工地盤の設計上で必要なチェック項目（意匠性は除く）を以下に列挙します。

- ・建築構造の荷重条件と土厚の関係
- ・土厚と植物の大きさの関係
- ・建築排水設備（ドレインなど）の有無
- ・表面排水と浸透水に対する排水経路
- ・排水設備や躯体への根系の影響
- ・灌水設備
- ・土壌の適正（比重、成分、排水性、保水性など）
- ・樹種の適正（耐性、メンテナンス性）
- ・植栽の管理　　など

❼割付設計

造成計画と排水計画が決定するにともない、地割が設定されたことになります。次に、施設の配置などを具体化するための図面を作成します。作成される設計図は、割付寸法図と呼ばれます。

建築設計では、建築配置と通り芯が示された図面が

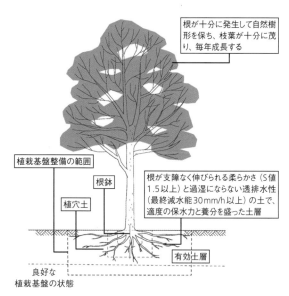

3-1-1 | 図12　良好な植栽基盤

根が十分に発生して自然樹形を保ち、枝葉が十分に茂り、毎年成長する

植栽基盤整備の範囲

根鉢

植穴土

根が支障なく伸びられる柔らかさ（S値1.5以上）と過湿にならない透排水性（最終減水能30mm/h以上）の土で、適度の保水力と養分を盛った土層

有効土層

良好な植栽基盤の状態

↓不透水層はここまで

重機の転厚による不透水層に注意

3-1-1 | 図13　重機の過転圧による不透水層の例

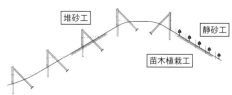

堆砂工

静砂工

苗木植栽工

3-1-1 | 図14　海岸地の植栽基盤

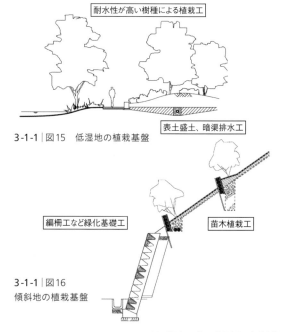

耐水性が高い樹種による植栽工

表土盛土、暗渠排水工

3-1-1 | 図15　低湿地の植栽基盤

編柵工など緑化基礎工

苗木植栽工

3-1-1 | 図16
傾斜地の植栽基盤

割付寸法図に相当しますが、ランドスケープ設計の場合、測量の手法により、配置と寸法の設定がされます。割付原点を設定し、原点よりX座標、Y座標を設定し、割付の対象の位置を寸法により示します。

　例えば園路は、曲線設置法により園路線形の設定を行います。また、日本庭園のような細かな地割の場合、地割のバランスや現場における対応が重要視されるため、方眼法により割付寸法図を作成します。

　また、園路の割付寸法の設計では、園路の中心線の延長と勾配の設定に留意し、周辺地形との整合を図る必要があります。

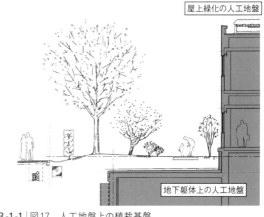

3-1-1｜図17　人工地盤上の植栽基盤

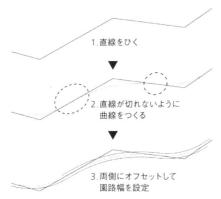

3-1-1｜図18　曲線設置法

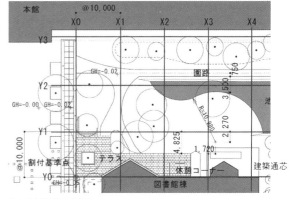

3-1-1｜図19　方眼法

コラム　グリーンインフラ

■グリーンインフラとは?

　二酸化炭素の増加などが原因と言われる気候変動は、自然災害や都市災害という形で、近年、私達の暮らしに大きな影響を及ぼしています。

　これらに対するハードな施策として、雨水の流出抑制やヒートアイランドの抑制などを行政が主導して行ってきました。

　グリーンインフラはその施策を、みどりが生育する環境が持つ多面的な機能によって補おうとする概念です。

■グリーンインフラは個人でもできる?

　グリーンインフラの概念は大規模なものから個人の家のような小規模なものまで広範囲に適用できます。グリーンインフラの大きな柱は雨水対策ですが、浸水や洪水をもたらす豪雨の原因となる熱環境の改善も重要なアプローチのひとつになります。

　植物が生育する環境は、緑陰や蒸散効果、土壌がもつ雨水の浸透や保水効果などによって周囲より気温を低下させてくれます。

　これは小さな庭のある住宅においても、植物を植栽することで日射や気温、湿度などの気候を緩和することが可能です。これらの環境が増加することで、周辺環境の微気候を調整し、ひいてはもっと広い地域の気候を緩和することにつながります。

■雨は大切な資源

　みどりが生育するためには「光」と「水」と「土」が不可欠です。「水」は雨水であり、一時貯留とともに積極的に水景や灌水などでの利用を図ることが望まれます。大雨はやっかいですが、大切な資源であり、生命の源でもあることを再認識する必要があります。

　利用に際しては、設備に頼らない自然の原理を利用した素朴でエコロジカルな技術を用いることも大切です。それらは環境的な負荷を抑え、グリーンインフラの概念に通じます。

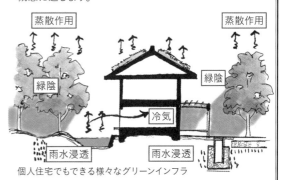

個人住宅でもできる様々なグリーンインフラ

2018年問題と解答例

丘陵地にある総合公園内の野外イベント広場の造成・排水設計が出題されています。緩傾斜地の適切な勾配を備えた野外イベント広場の造成設計と、それに伴う排水施設の設計が出題内容です。

イベント広場としての利用のしやすさ、既存樹林を保全しつつ既存地形と円滑につながる地形の造成、バリアフリーを考慮したスロープの設計、適切な排水処理が問われており、空間の基盤を形成する知識と技術が求められます。

. . . .

I. 問題文の読み取りポイント

❶課題

設計対象地は、丘陵地にある総合公園の一部であり、既存林に囲まれた緩やかな斜面地である。この斜面地は南側から北側へ緩やかな傾斜がついており、北側に向かって良好な眺望が広がっている。

本設計は、公園の魅力を高めることを目的とし、既存林に囲まれた野外イベント広場を整備するために、緩やかな斜面を活かした芝生スタンドと園路の造成・排水設計を行うものである。

—対象地の立地と現況地形の概要を把握する

—作成する造成・排水設計図の対象範囲や施設を把握する

1 北側管理用園路に計画された屋根付きのステージに付随し、観客席として利用可能な芝生スタンドの造成設計を行いなさい。

—芝生スタンドの利用内容とそれに伴う造成勾配などを想定する

2 南側既存園路の分岐点(A)から車いす用観覧席(C)及び(D)にアクセスして、分岐点(B)に至るバリアフリーに対応した園路を設けなさい。

3 園路及びステージ前広場に芝側溝、U型側溝、横断側溝、接続桝と排水管を、景観や利用に配慮して適切に設けなさい。

—設計対象となる園路の経路を把握し、バリアフリーに対応した勾配とすることに留意する

—排水設計に必要な排水施設を確認する

❷敷地条件

□ 設計対象地は緩やかな傾斜がついた斜面地で、周辺は雑木林となっている。

—敷地周辺には雑木林の自然環境となっていることから植生の保全に留意する

□ 設計対象地の南には既設園路、北には管理用園路、西側には階段が整備され、南北の園路と接続して公園内の核施設と連絡している。

□ 野外イベント広場の設備にともない、北側管理用園路に隣接して屋根付きのステージ(80㎡程度、計画高56.70)及び機材搬入用のバックヤード、ステージ前広場(計画高56.15～56.20)が整備される。

□ 外周の園路にはそれぞれ排水施設が整備されており、設計対象地の雨水も受け入れられる。

❸設計条件

<造成>

□ ステージに向かって観客席として利用する芝生スタンドと、園路を整備するための造成を行う範囲に凡例に従って設計上の等高線を作図すること。なお、芝生スタンドの勾配は1:5とする。

—勾配を把握し、勾配を確保するための芝生スタンドの平面範囲や等高線の間隔を設定する

□ 芝生スタンドの勾配を確保するため、必要最小限の造成を行う。

□ 既存樹木は全て保存すること。既存樹木の地盤高は図示の通りである。

□ 急激な勾配変化のないスムーズな地形となるようにし、擁壁またはそれに
類する構造物は設けない。

＜園路＞

□ 園路は、<u>縦断勾配5％以内</u>、<u>有効幅員Ｗ＝2.0ｍ</u>とし、現況地形の改変
を最小限にとどめるよう配慮すること。

□ 園路には<u>高低差75cm以下毎に長さ</u> <u>1.5ｍの踊り場を設け</u>、その補総仕
上げ高(ｍ単位)を小数点第1位までを記入すること。

□ 園路整備にともなう擁壁、それに類する構造物、転落防止に必要な施設
や手すり等は、設けない。

＜排水施設＞

□ <u>ステージ前広場には、芝生スタンド内の表面水を集水できる</u><u>十分な排水</u>
<u>施設を設ける</u>こと。

□ 園路の集水は、景観に配慮した<u>簡易な排水施設</u>とする。

□ 排水施設の主な<u>集水区域は、新設の園路と芝生スタンド</u>とする。

□ 雨水排水の流末は<u>図中の既設桝に適切に接続</u>すること。

□ 排水管の管径、縦断勾配、管底高、許容排水能力、排水桝構造等は考慮
しなくてよい。

□ 雨水排水施設の図面表記については、<u>凡例に従い図示</u>すること。

□ ステージ及びバックヤードからの雨水排水は考慮しなくてよい。

― 最大縦断勾配をもとに園路の必要な水
平距離を設定し、園路線形を設定する

― 最大高低差75ｃｍごとに平坦部（踊り
場）を確保するため位置と区間を設定
する

― ステージ前広場に必要となる排水施設
と範囲を芝生スタンドの造成設計とあ
わせて検討する

― 解答用紙の施設参考図をもとに簡易な
排水施設を選定する

― 設定された集水区域をもとに造成設計
と排水施設の設計を行う

― 排水系統の流末位置を確認し、既設桝
に接続する排水経路を設計する

― 解答用紙の作図凡例を作図に反映する

❹解答における留意事項

□ 作図は、凡例に従って分かりやすい表現とすること。

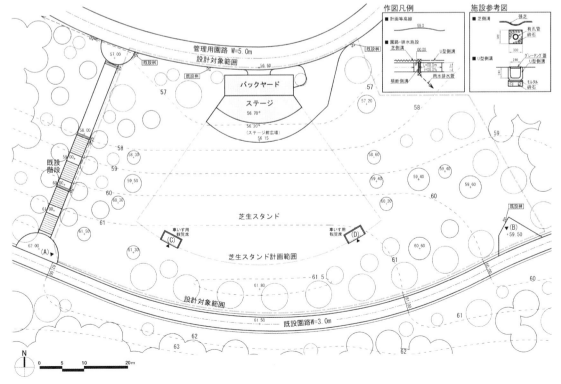

2. 計画のポイントと解答プロセス

❶計画のポイント

2018年の問題の出題趣旨は、造成・排水に関する基本的知識の有無を確認するとともに、ランドスケープデザインの視点から造成・排水計画を取りまとめる能力を問うことにあります。

丘陵地にある総合公園内の野外イベント広場の芝生スタンド及び園路の設計を主な課題とし、周辺環境を含む空間を読み解き、造成、バリアフリー動線、排水などの計画を行う問題になっています。

❷解答のプロセス

①空間構成の把握

はじめに、計画地の空間特性や構成、スケール感を把握するために、ラフなゾーニング図や断面図を描きます。

【空間を解析するためのチェック項目】

・現況地盤高から敷地の高低差を読み取ります。計画地内に仮ベンチマーク④を設定し、地盤高を仮ベンチマークとの高低差⑧に読み替えます。

・計画地から望む全方角の景観と計画地外から計画地がどのように見えるか確認します©。

・野外ステージの空間と活動を想定し、南北に連なる「ステージ」-「芝生スタンド」-「園路」の各空間の関係を確認します①。

②地形の検討

現況地形の改変を少なくし、周辺の地形と円滑になじむように地盤高（等高線）を設定します。

【等高線を設定するためのチェック項目】

・芝生スタンドの勾配は1/5に定められているため、高低差から必要な斜面の水平距離を割り出し、その結果を平面図に当て、斜面の位置を設定します⑤。

・周辺地形と円滑につながる等高線を設定します⑥。

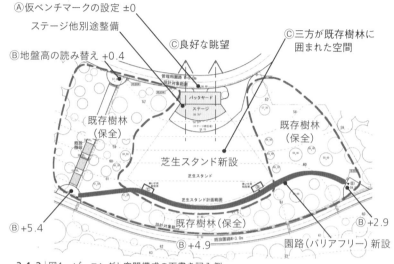

Ⓐ仮ベンチマークの設定 ±0　ステージ他別途整備
Ⓑ地盤高の読み替え +0.4
©良好な眺望
©三方が既存樹林に囲まれた空間
既存樹林（保全）
既存樹林（保全）
芝生スタンド新設
既存樹林（保全）
Ⓑ +5.4
Ⓑ +4.9
Ⓑ +2.9
園路（バリアフリー）新設

3-1-2｜図1　ゾーニングと空間構成の下書き記入例

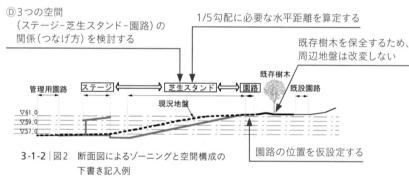

①3つの空間（ステージ-芝生スタンド-園路）の関係（つなげ方）を検討する
1/5勾配に必要な水平距離を算定する
既存樹木を保全するため、周辺地盤は改変しない
園路の位置を仮設定する

3-1-2｜図2　断面図によるゾーニングと空間構成の下書き記入例

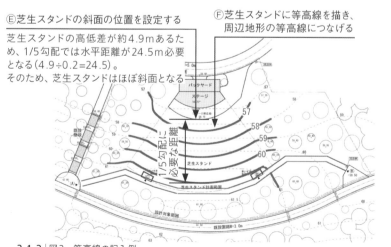

⑤芝生スタンドの斜面の位置を設定する
芝生スタンドの高低差が約4.9mあるため、1/5勾配では水平距離が24.5m必要となる（4.9÷0.2=24.5）。
そのため、芝生スタンドはほぼ斜面となる

⑥芝生スタンドに等高線を描き、周辺地形の等高線につなげる

3-1-2｜図3　等高線の記入例

③動線の検討

　既存樹木が位置する現況地形の保全Ⓖや上記で設定した等高線、園路の設計条件（幅員・勾配・踊り場など）を考慮し、園路の位置や地盤高を設定します。

【園路を設定するためのチェック項目】

・平面図上の既存樹木の樹冠を避けて、4つの通過ポイントを結ぶラインを仮に設定しますⒼ。

・擁壁などの構造物を設けない園路の場合、周辺地形にすりつく地盤高に設定されていることを確認します。

・地盤高の設定では、芝生スタンド側の等高線、既存樹木の地盤高、北側の既設園路（既設園路は東西で約2.5mの高低差があり、東側は約5％の勾配になっている）のレベルを読み取りますⒽ。

・園路線形は、全体の空間イメージを考慮して決定します。

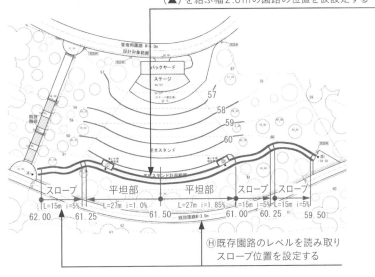

Ⓖ既存樹木の樹冠を避けながら4つの通過ポイント（▲）を結ぶ幅2.0mの園路の位置を仮設定する

Ⓗ既存園路のレベルを読み取りスロープ位置を設定する

3-1-2｜図4　園路の記入例

④排水の検討

　地形や舗装の水勾配を十分に考慮した上で、排水条件を満たしながら、場所に応じた適正な設計を行います。

【排水に関するチェック項目】

・排水の接続先を確認しますⒾ。

・表面水が滞水したり歩行の支障になる恐れがある箇所に側溝または雨水桝を設置しますⒿ。

・側溝の種類は、舗装、芝生地を除く緑地、芝生地などの違いにより適切に判断しますⓀ。

・排水管は既存樹木を避けた最短ルートを設定します。

・単独ルートの場合、途中で目詰まりなどを起こすと溢水する恐れがあるため、可能な限り接続先は2系統以上設けることを検討しますⓁ。

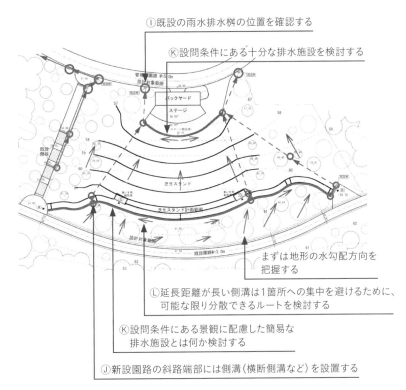

Ⓘ既設の雨水排水桝の位置を確認する

Ⓚ設問条件にある十分な排水施設を検討する

まずは地形の水勾配方向を把握する

Ⓛ延長距離が長い側溝は1箇所への集中を避けるために、可能な限り分散できるルートを検討する

Ⓚ設問条件にある景観に配慮した簡易な排水施設とは何か検討する

Ⓙ新設園路の斜路端部には側溝（横断側溝など）を設置する

3-1-2｜図5　排水の記入例

⑤課題の意図や設問条件の確認

　図面を清書する前に改めて課題の意図や各条件を満たしているか確認します。

【造成に関するチェック項目】
・樹林に囲まれた野外イベント広場空間の景観としてふさわしいか
・斜面の勾配や等高線が適切か
・地形の改変は最小限に抑えられているか
・擁壁などの構造物が必要な設定になっていないか

・既存樹木への影響はないか
・園路のルート、幅員、斜路勾配、踊り場などの設置は適切か

【排水に関するチェック項目】
・集水区域を網羅した排水設計になっているか
・流末は既設桝へと接続されているか
・配管ルートは既存樹木の根に影響しないか
・配管ルートが施工性・経済性などに配慮されているか
・側溝の種類の選定は適切か

⑥割付図の作成

　作図条件を満たすことはもちろんのこと、表現を簡潔で読みやすい図面にすることが重要です。

【割付に関するチェック項目】
・等高線、園路、斜路勾配、踊り場の位置、排水側溝・排水ルートなどの記載する情報に漏れがないか
・数値などの記載方法は正確か

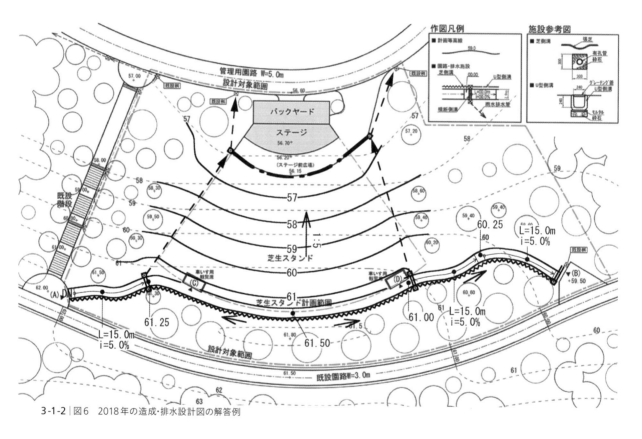

3-1-2│図6　2018年の造成・排水設計図の解答例

2019年問題と解答例

　自然公園内のロードパークの園地の造成・排水設計が出題されています。バリアフリーを考慮した園路の設計と、雨水排水は浸透・貯留施設の設計が出題内容です。

　バリアフリーを考慮したスロープ園路の設計では、既存樹木を保全しつつ既存地形と円滑につなげる地形の造成と、雨水排水では景観に配慮した浸透・貯留施設の設計が出題され、空間の基盤形成の知識と環境・景観配慮の技術が問われています。

I. 問題文の読み取りポイント

❶課題

　設計対象地は、自然公園内の潮沼に隣接する展望地で、周囲の山々とともに棚田跡地があり、優れた景観を形成している。近年、来園者が増えており右図のような休憩所、水辺テラス、駐車場を整備することとなった。

　下記の条件を読み解き、園路設計及び、造成、雨水排水に関する課題について平面図を作成しなさい。また、設定する雨水浸透貯留施設の概要と期待する効果を解答用紙に記述しなさい。

> 作成する造成・排水設計図の対象施設と図面種類を把握する

> 雨水貯留施設の設計内容と記述する概要と期待する効果の整合性に留意する

❷敷地および環境条件

□ 敷地内の既存樹木や棚田跡地の保全が整備の与条件となっている。

□ 雨水浸透貯留施設の整備が与条件となっている。

□ 計画対象地の駐車場南側には最終桝が整備され、周遊道路に敷設されているU型側溝桝に接続済みである。

□ 外周の園路にはそれぞれ排水施設が整備されており、設計対象地の雨水も受け入れられる。

1.園路設定と造成に関する課題

□ 下記の条件を満たす園路設計と造成設計をしなさい。

❸設計条件

□ 大型バス駐車場入り口(A)から休憩所(B)を結ぶルートと、主要園路途中(C)から水辺テラス(D)を結ぶルートにバリアフリー園路を設け、凡例に基づき図示すること。なお、園路は以下の条件を満たすこと。

　・幅員:1.8m　・縦断勾配:5%以下　・高低差0.75m毎に長さ1.5m以上の平坦部を設けること。

□ 現況樹木はすべて保全すること。

□ 擁壁またはこれに類する構造物は設けないこと。

□ 園路の表記は、以下の通りにする。

　平坦部には、仕上げ高(○.○○m)を小数点第2位まで記入する。改変する造成地系の表記は、計画等高線を実線で記入する。なお、改変した地形の勾配は1:2.0以内とする。

> 設計対象となる園路の経路を把握し、バリアフリーに対応した勾配とすることに留意する

> 最大縦断勾配をもとに園路の必要な水平距離を設定し、園路線形を設定する。また、高低差75cmごとに平坦部(踊り場)を確保するため位置と区間を設定する

> 既存樹木周辺の地形は改変しないように等高線を設定する

> 等高線の作図にあたって1:2.0を超えないように留意する

2.雨水排水に関する課題

□ 下記の条件を満たす雨水排水設計をしなさい。

❹設計条件

□ 設計範囲は、<u>新設される駐車場集水域</u>とし、必要な雨水浸透貯留施設を
凡例に基づき図示すること。　　　　　　　　　　━━ 雨水排水設計の範囲を確認する

□ 雨水浸透貯留施設にて<u>貯留した雨水</u>は、<u>最終桝を通じて道路U型側溝桝</u>　━━ 排水系統の流末位置を確認し、最終桝
<u>に排水</u>すること。なお、雨水浸透貯留施設は、以下の条件を満たすこと。　　に接続する排水経路を設定する

　・浸水トレンチ:40m以上　　・遊水地(深さ0.5m)150 ㎡以上　━━ 雨水浸透貯留施設の条件を満たす延
　　　　　　　　　　　　　　　　　　　　　　　　　　　　　　　長と面積を設定する

□ 計画する雨水浸透型排水施設の概要と、期待する効果を記述すること。

❺留意事項

□ 設計する内容は凡例に従って表記すること。

□ 図面表現を工夫し、分かりやすく見やすい図面とすること。

❻設計対象地全体図

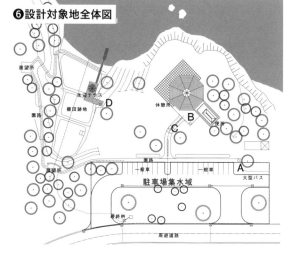

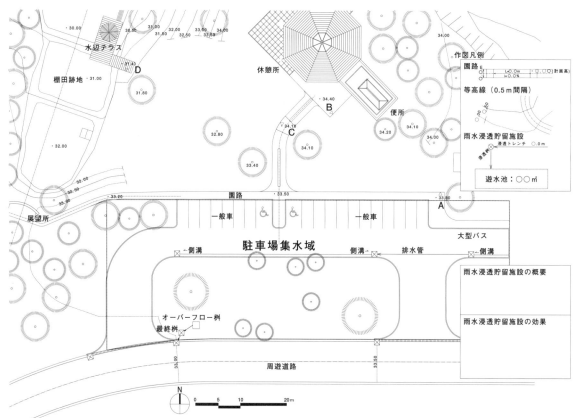

2. 計画のポイントと解答プロセス

●計画のポイント

　2019年の問題の出題趣旨は、造成・排水に関する基本的知識の有無を確認するとともに、ランドスケープデザインの視点から造成・排水計画を取りまとめる能力を問うことにあります。

自然公園内の優れた景勝地の斜面地に、新設する施設と駐車場を結ぶ園路と雨水浸透貯留施設の設計を課題としています。周辺環境との連続性を考慮しながら既存樹木のある法面を対象に無理のない自然な園路を設計し、造成計画を行います。また、雨水浸透、貯留に対する基本的な知識があるか問われています。

●解答のプロセス

①空間構成の把握

　標高の表示された地点の地盤高を確認し、湖沼を囲う地形や樹林などの自然景観、その中に点在する施設の関係を、自然公園内を俯瞰するように空間構成を把握します。

　各施設間の高低差を把握し、施設をつなぐ動線上のシークエンスをイメージします。

　湖沼や棚田跡地への眺望を確保しつつ、施設側への景観にも配慮します。

・各施設間の高さ関係を把握しますⒶ。
・等高線、既存樹木などの図示されているレベルを読み取り、大まかに仮の等高線をスケッチしますⒷ。
・雨水排水計画を行う範囲を確認します。設問では駐車場のみとしていることを確認し、法面の園路周辺の排水計画は対象外であるため注意します⒞。

②地形の検討

・駐車場〜休憩所の既存園路の勾配から高さを計算し、34.00の位置を把握して等高線をつなげます⒟。
・高低差から園路の必要な延長のあたりをつけます⒠。
・表示された等高線や既存樹木などの標高をもとに、等高線が表示されている部分に等高線を描画します⒡。

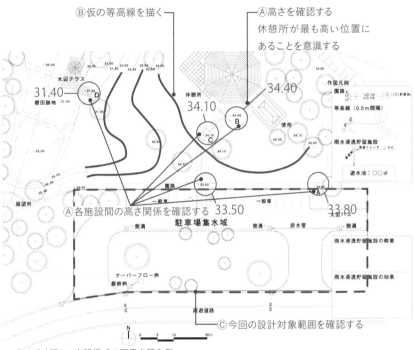

3-1-3│図1　空間構成の下書き記入例

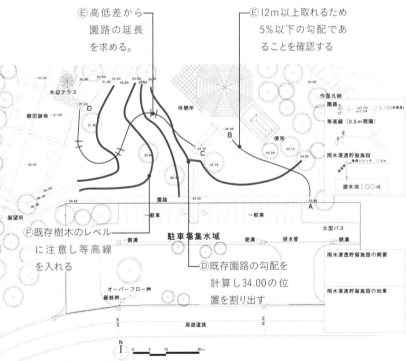

3-1-3│図2　等高線の記入例

【造成に関するチェック項目】
・既存樹木が位置する地形が造成されない等高線となっているか
・等高線の各箇所の高さが成り立つ適切な等高線となっているか
・改変する地形の勾配が1:2より緩傾斜（高さ0.5mの等高線の間隔が平面で1m以上）となっているか
・擁壁などの構造物が発生しない造成計画として成り立っているか

③動線の検討
・設問の条件を確認しながら園路（スロープ）の概略動線を設定します。その際、設問では擁壁は禁止事項であるため、現況地形の改変が最小限となるルートを検討し、既存樹木の樹冠にかからないようにルートを探し、勾配、幅員などを確認して園路を割り付けます⑥。
・等高線をスロープに合わせて調整します⑪。

※スロープの動線の設定方法
・A〜B間
高低差＝34.40−33.8＝0.6m
0.6m÷0.05（5％）＝12m

・C〜D間
高低差＝34.10−31.4＝2.7m
2.7m÷0.05（5％）＝54m
2.7m÷0.75m＝3.66　⇒踊り場3箇所
54m＋1.5m×3＝58.5m　⇒スロープ延長

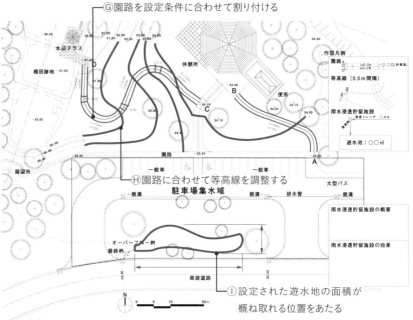

3-1-3｜図3　園路の記入例

【園路を設定するためのチェック項目】
・設問の条件に合致した勾配、幅員、踊り場の設定となっているか
・等高線と園路の関係は整合しているか
・園路幅員、勾配、踊り場が適切であり、寸法が表記されているか
・小段の高さ表記は適切であり、小数点第2位まで記載しているか
・園路の縦断勾配は5.0％以下となっているか

④雨水排水施設の検討
　集水すべき範囲を確認します。設問では駐車場のみとしています。
・雨水浸透貯留施設は、設問から読み取れる条件から、可能性のある範囲のあたりをつけます①。
・図示された集水桝から遊水地まで

で、浸透トレンチの必要な長さが確保できる位置を見つけ、浸透桝を適切に配置します⑪。
・池の位置を確定します。面積は概ね求められている広さを確保し、オーバーフロー桝が池内にあり、既存樹木が保全される位置と形状である必要があります⑭。

⑤「計画する雨水浸透型排水施設の概要と、期待する効果」の記述について
　「雨水浸透型排水施設の概要」では計画した浸透施設の考え方と施設概要を記述します。設問においては浸透トレンチのみが求められていますが、屈折点、合流点では浸透桝を用います。

浸透桝を使用していることを明記し、余剰水を遊水地に貯留する説明を記述します。
　「雨水浸透型排水施設の効果」の説明では雨水浸透効果である雨水流出水の抑制、水質浄化、生態系の保全・再生、気化熱による気温上昇の緩和などについて記述します。

【排水に関するチェック項目】
・浸透施設に適切に集水し、放流先に導いているか
・遊水地の面積は設問の条件を満たしているか。また、遊水地は既存樹木に影響のない範囲（樹冠にかかっていない）となっているか
・流下方向の矢印（→）が記入されているか

・浸透トレンチは指定された長さ（40m）が必要であるが、適切に分割されているか。設計条件に明記されていないことでも、分割して長さを確保しているか

・浸透トレンチの長さが表記されているか

⑥課題の意図や設問条件の確認
　図面を清書する前に課題や設問条件を満たしているか再度確認します。

【造成に関するチェック項目】
・バリアフリー園路として成り立っているか
・等高線の間隔は設問の条件と合致しているか Ⓛ
・擁壁などの構造物が不要な設定となっているか
・造成や排水施設が既存樹木へ影響を与えていないか

【割付に関するチェック項目】
・記載する情報（園路幅員、勾配、踊り場位置）に漏れがないか Ⓜ
・数値などの記載方法が正確か

【排水に関するチェック項目】
・排水計画を行う範囲は設問通りとなっているか
・浸透施設の種類、規模、位置は適切か Ⓝ
・浸透施設の概要、効果を適切に説明しているか

⑦造成・排水設計図の作成
　表現を簡潔で読みやすい図面にすることが重要です。
・記載方法の凡例は適切か Ⓞ

【造成・排水に関するチェック項目】
・緩やかで周辺と違和感のない等高線や園路線形の表記となっているか

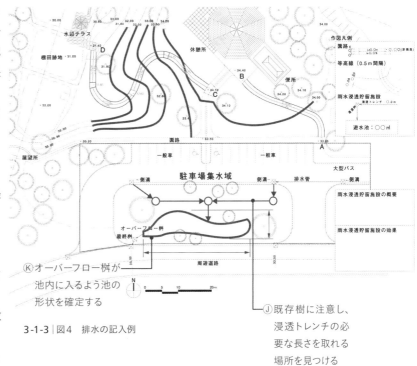

Ⓚオーバーフロー桝が池内に入るよう池の形状を確定する

3-1-3│図4　排水の記入例

Ⓙ既存樹に注意し、浸透トレンチの必要な長さを取れる場所を見つける

雨水浸透貯留施設の概要
・駐車場の雨水排水を、植栽地内に引き込む。
・浸透トレンチと浸透桝を設置して、浸透による雨水流出抑制を図る。
・上記の浸透施設から余剰水を遊水地に貯留し、さらなる雨水流出抑制対策を図る。

雨水浸透貯留施設の効果
・雨水排水の流出抑制を行うことにより、ピークカットを図る。
・地下水の涵養に寄与する。
・生物の生育空間の保全・再生となる。
・気化熱による気温上昇の緩和に効果がある。

3-1-3│図5　雨水浸透貯留施設の概要と効果の記述解答例

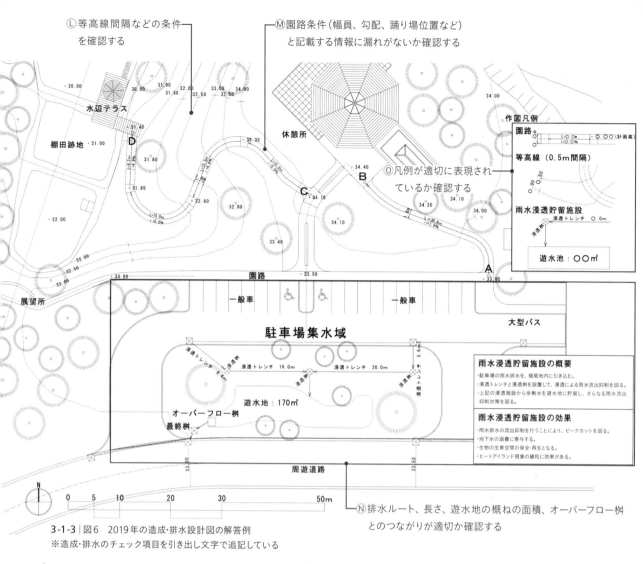

Ⓛ 等高線間隔などの条件
　を確認する

Ⓜ 園路条件（幅員、勾配、踊り場位置など）
　と記載する情報に漏れがないか確認する

Ⓞ 凡例が適切に表現され
　ているか確認する

作図凡例
園路
等高線（0.5m間隔）
雨水浸透貯留施設
浸透トレンチ ◯.◯m
遊水池：◯◯m²

水辺テラス

棚田跡地 ·31.00

休憩所

雨水浸透貯留施設の概要
・駐車場の雨水排水を、植栽地内に引き込む。
・浸透トレンチと浸透桝を設置して、浸透による雨水流出抑制を図る。
・上記の浸透施設から余剰水を遊水池に貯留し、さらなる雨水流出抑制対策を図る。

雨水浸透貯留施設の効果
・雨水排水の流出抑制を行うことにより、ピークカットを図る。
・地下水の涵養に寄与する。
・生物の生育空間の保全・再生となる。
・ヒートアイランド現象の緩和に効果がある。

駐車場集水域

一般車　　　　　一般車　　　　　大型バス

遊水地：170m²

オーバーフロー桝
最終桝

園路

展望所

周遊道路

Ⓝ 排水ルート、長さ、遊水地の概ねの面積、オーバーフロー桝
　とのつながりが適切か確認する

N
0　5　10　　20　　30　　　　　　50m

3-1-3｜図6　2019年の造成・排水設計図の解答例
※造成・排水のチェック項目を引き出し文字で追記している

3. 解答例の補足説明

　試験は造成排水平面図の作成と設計意図の文章を記述することで完了ですが、実務での進め方を踏まえて補足説明をします。

　造成平面図では、高さ関係の情報は等高線や要所の高さの数値の記載のみとなり、実際の地形の形状や納まりについてイメージをつかむのが困難です。

　そこで、必要となるのが断面図による検討であり、実務では縦横断図を作成することが求められます。以下に、解答例の縦横断検討図を例示します。

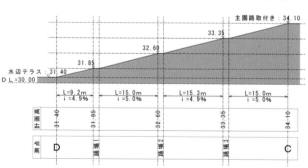

3-1-3｜図7　縦断検討図：園路の長手方向の納まりの確認を行います。園路の勾配と他の施設とのすりつけを検討します。縦断図は水平方向のスケールと垂直方向のスケールを変えて作図することが多いため、注意が必要です

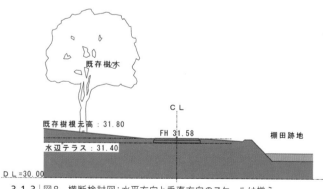

3-1-3｜図8　横断検討図：水平方向と垂直方向のスケールは揃えて、詳細な横断面の納まりを検討します。既存樹木の保全と周辺地形との納まりを検討します

3-2　植栽設計

　ランドスケープアーキテクトにとって植栽設計は、他分野にはない技術の中心となる重要な設計分野です。植栽設計では、植物の特性を理解し、修景を勘案し、防風、防潮、防火、防音や微気象緩和の機能など、設計上求められる機能と空間を植物によって形成することが求められます。

3-2-1　植栽設計とは

　植栽設計とは、植物の特性を理解し、景観やオープンスペースの利用を勘案し、生物多様性の保全や防風、防潮、防火、防音、微気象の緩和などの機能の観点から求められる空間を植物によって形成することです。

　植栽設計は、はじめに、対象地域の気候や地形、土壌、植生などの環境特性や景観特性、周辺の土地利用などの社会特性、人文・歴史特性などを読み取ります。その上で求められる機能や景観などの設計の与条件を読み込み、設計方針を設定します。

　次に図面の作成では、植栽樹種の選定、高さや葉張、幹周などの形状寸法の決定、平面図や断面図による配植の決定を行います。

　植物は、景観をかたちづくる樹形、葉や幹の色とテクスチャーをもち、種によって様々な生理的な特性をもっています。また、植物は大気の浄化機能や水分の蒸発散による微気象の緩和や芳香による癒しの機能などをもっています。植栽設計ではこれらの特性や機能を活用して課題を解決することが求められ、植物の特徴を種ごとに正確に把握し、それらが周囲の環境や人々にどのような影響をもたらすのか理解しておくことが求められます。

　また、植物は種の生育に適した気候や土壌などの環境に基づき自然の分布が決まっており、地域ごとに多様な景観と生態系を育んでいます。ランドスケープアーキテクトはこのような生きものの多様性や生態系について理解を深め、その特性を踏まえて対象とする地域や場所に適した植栽を行う必要があります。

I. 出題の傾向と対策

　近年、出題された対象地の立地は、商業地域の一角、保育施設、宿泊施設、デイサービスセンター、都市公園内の飲食・交流施設と、多様になってきています。ここ数年はゾーニングがあらかじめ設定されており、平面図の作図に重点をおいた出題内容となっています。

　さらに傾向として、エリアごとの設計方針や樹種の選定理由の記述を求めるといった記述式設問が続いています。出題意図を正確に読み取っているか、自ら設定した設計方針と選定した樹種の整合性が取れているかなど、多様な樹種やその特性に対する知識が問われています。

　また、植栽の機能や、周辺の植生、景観との調和など、植栽技術や地域の植生に対する幅広い知識が問われる傾向となっています。

　断面図の作図については2015年を最後に出題がみられませんが、空間の把握などのためには必要不可欠な技術であるため、普段から身につけておく必要があります。

年度	テーマ	周辺環境	敷地条件	求められる植栽の機能	ゾーニング作業	コンセプト文の記述	断面作図
2015	商業地域の一角のオープンスペースにおける、四季の魅力をテーマにした植栽設計	利用者が減少している古くからの商店街、コミュニティ通路を擁し、擁壁上の自然林、交通量の多い道路に接している	交流広場エリア、憩いのエリア、自然林エリアが設定されている	・四季の彩りや賑わいの演出 ・仕切る、遮蔽する機能植栽 ・緑陰の形成 ・既存自然林と調和した植栽 ・シンボルツリーの設定	なし（区分済）	なし	あり
2016	安心・安全なまちづくりと、感性を豊かにし情操教育に役立つ保育施設の植栽設計	「国家戦略特別区域制度」を活用した保育施設の建設と、既存都市公園の一体的な利用。公園は自然林に接しており、周囲は集合住宅、戸建住宅、商業ビルが建ち並ぶ	保育施設エリア、交流広場エリア、保全エリアが設定されている	・四季を通じて五感で楽しめる植栽 ・緑陰の形成 ・安全を確保する植栽 ・自然林との調和 ・郷土の樹種の選定	なし（区分済）	あり（樹種の選定理由）	なし
2017	宿泊施設の改修に伴う借景を活かした広場や庭園の植栽設計	名山の裾野に広がる、別荘地として開発されたエリア。連峰への雄大な眺望あり。既存自然林に接する一方、別企業保養所と隣接し、既存道路の先には別荘地がある	以前保養所であった場所を、宿泊施設として改修する。広場ゾーン、庭園ゾーン、背景ゾーンが設定されている	・四季を楽しめる修景 ・借景眺望の確保 ・池や流れを意識した、植物による和風の修景 ・遮蔽植栽 ・既存樹林と調和した植栽	なし（区分済）	あり（エリアごとに記述）	なし
2018	デイサービスセンター（通所介護施設）の園地における植栽設計	地域の植生が残る都市近郊の丘陵地。田園風景の山並みへの眺望あり。既存樹林に接している	デイサービスセンターの前庭としてセラピーガーデンエリア、四季の広場エリア、林縁の散策路エリアが設定されている	・セラピーガーデンの植栽 ・四季を楽しめる修景 ・眺望の確保 ・既存樹林と調和した植栽	なし（区分済）	あり（エリアごとに記述）	なし
2019	都市公園に整備する飲食・交流施設周辺部の植栽設計	ビジネス街に位置する近隣公園の一部に新たに整備される飲食・交流施設（1階建て）に伴う屋外テラスや緑地がある	エントランスゾーン（作図済み）、屋外テラスゾーン、駐車場及びバッファーゾーンが設定されている。対象地外の施設と空間を共有する構成となっている	・郷土の樹種、隣接施設の植栽との連続性 ・四季の演出を図った修景 ・ビスタの確保 ・既存樹との連続性に配慮した遮蔽性・安全性ある植栽	なし（区分済）	あり（エリアごとに記述）	なし

断面位置を設定する場合は、主たる設計内容を伝えることができる断面位置を設定する必要があります。樹木などの表現は模式的であっても図面としての目的は達成できますが、選定した樹木の特徴を表すことができればなお良いです。普段より、手描きで表現することに慣れておきます。

実務では、基本的な製図能力を備える必要があります。問題解答では、丁寧でわかりやすい図面作成を目指します。解答の図面作成の流れを以下に示します。

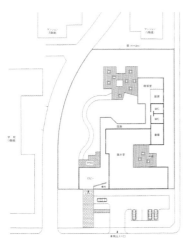

問題文の読み込み

・平面図をもとにした与条件の把握
・地形、日照条件、周辺・敷地状況、施設状況、土地利用方針など

設計方針の設定・ゾーニング

・与条件に従った設計方針の設定
・設計方針に従ったゾーニング

凡例表の作成

・樹種選定、形状寸法、凡例記号の記入

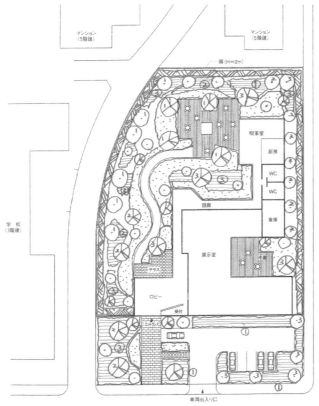

植栽平面図の作成

・凡例表をもとにした配植
・求められる植栽機能を満たした配植

設計方針の記述

・平面図と整合のとれた設計方針・手法などの記述

3-2-1 | 図2　解答作成の流れの例

3. 植栽設計の基礎知識

❶植栽と地域

日本は、北は亜寒帯の北海道から南は亜熱帯の沖縄県まで、その地域の気温などによってそれぞれの地域で健全に生育する樹種が限定されます。その土地の気候条件に合った適切な樹種を選ぶことが、設計上、または管理上不可欠であり、そのことが地域の植生の個性や、風土景観の形成につながります。

現存植生図は現在の植生を植物群落の分布として示したもので、現在の植生を大局的に把握するために使います。

一方、クライメートゾーンマップとは、植物がどの地域まで越冬できるか植栽可能域の区分を目安として示したもので、ゾーンをナンバーで示したものです。植物材料を検討する場合、植物の植栽可能な北限を知る必要があります。例えばビロウやソテツを植栽しようとした場合、東京～福岡までが植栽可能な地域であることが目安として分かります。

3-2-1 | 表2　クライメートゾーンと北限植栽可能植物の例

ゾーンNo.	年最低気温℃	主な地域	北限として植栽可能な植物の例
No.11b	+7.2℃以上	石垣島、那覇、小笠原	ココヤシ
No.11a	+7.2℃～+4.4℃	名護、久米島、奄美	デイゴ、タコノキ、ダイオウヤシ
No.9b	−1.1℃～−3.9℃	東京、横浜、名古屋、神戸、大阪、広島、高知、福岡、他	ビロウ、ソテツ、アコウ、ブラシノキ、ランタナ、キョウチクトウ
No.7b	−12.2℃～−15.0℃	草津、小樽、盛岡、函館、札幌、根室、奥日光、他	シュロ、サルスベリ、カヤ、ダイオウショウ
No.5	−23.3℃～−28.9℃	富良野、阿寒湖、他	エンジュ、カツラ、カラマツ、シラカンバ、ブナ、イチイ、ハルニレ

植物には、植栽地が限定される樹種がある一方、樹種によっては日本列島の広範囲に植栽可能な植物があります。

植物の生育に影響する環境要因は気候だけではなく、植栽地の地形や土壌、立地などがあり、これらの環境要因を考慮した上で植栽する樹種を判断することになります。

植栽は、その土地の風土景観を形成するものです。植栽設計をする場合、その土地の気候や固有の風土性を考慮して樹種を選定することが求められます。

3-2-1 | 表3　各地域の植栽景観の例

【北海道の植栽景観】 ハルニレやヤチダモなどの広葉落葉樹+アカエゾマツなどの針葉樹 	北海道の場合、亜寒帯気候で針葉樹主体の植生が見られます。ハルニレなどの雄大で整った樹形の落葉樹が植栽され、垂直的で均整のとれた植栽景観が作りやすいといえます。
【関東の植栽景観】 ケヤキやコナラなどの株立ちなどの二次林の構成種 	関東の場合、例えば「武蔵野の雑木林」では、屋敷林のケヤキや関東地方の代表的な二次林であるクヌギ、コナラなどが代表的な樹種となります。
【沖縄県の植栽景観】 ヤエヤマヤシ類、アコウ、モンパノキなど 	沖縄県の場合、亜熱帯気候で多種多様な植物が生育しています。複層的な植生に、ヤシ類、シダ類、つる植物、着生植物が見られ多種多様です。それに加えて、色彩の艶やかな園芸種があり、変化に富んだ植栽景観を作りやすいといえます。

❷植物の特徴と性質

植栽設計では植物の特徴や性質を把握している必要があります。特徴として樹形、葉の形や色、紅葉などの色の変化、テクスチャー、花の形や色、開花時期、実の形や色、結実期、花や葉の芳香などがあります。また、性質としては耐陰性や耐寒性、耐湿地性、耐潮風性、耐熱性、耐排ガス性などがあげられます。成長の早さや剪定への耐性、萌芽力、病害虫への感受性など管理面で把握すべき特質があるほか、動物の食草や生息空間としての特性を持つなど、植物の多面的な性質について知っておく必要があります。

また、移植の検討が生じた場合は、移植難易度なども知っておく必要があります。近年、改修設計の案件が増加しており、移植に関する知識が問われる機会が多くなってきています。移植に際しては樹種特性としての移植難易度だけではなく、時期などの様々な複数の要因がからみ、移植の難易度が変わってきます。

樹種特性による移植難易度
　例) サツキ:易　　ジンチョウゲ:難
施工時期による移植難易度
　例) 落葉樹:2〜3月:易　　常緑樹:6月:易
個体差による移植難易度
　例) 大径木:難　　小径木:易
施工条件による移植難易度
　例) 根回し期間が確保できる:易
　　　移植先に植え付けるまでの期間が長い:難

3-2-1 | 表4　樹木の特徴

特徴	葉が美しい		花が美しい				実が美しい	香りがある
	紅(黄)葉が美しい	班入りが美しい	冬	春	夏	秋		
常緑樹	常緑樹では新葉が赤くなるものがある。アセビ、カナメモチ、クスノキなど	アオキ、イブキ、ジンチョウゲ、ヒイラギ、ヘデラ類、マサキなど	ツバキ類、サザンカ、カンツバキ、ジンチョウゲなど	アセビ、タイサンボク、シャリンバイ、トベラなど	アベリア、クチナシ、キンシバイ、ビヨウヤナギ、キョウチクトウなど	キンモクセイ、ギンモクセイ、チャノキ、ヒイラギなど	赤:アオキ、サンゴジュ、シロダモ、センリョウ、ソヨゴ、トベラ、マサキ、ヤブコウジなど 黄:カラタチ、クチナシ、センリョウなど	花:オガタマノキ、キンモクセイ、クチナシ、ジンチョウゲ、タイサンボク、テイカカズラなど 葉:クスノキ、ゲッケイジュ、ニオイヒバなど
落葉樹	紅:イロハモミジ、カキノキ、トウカエデ、ドウダンツツジ、ナナカマド、ヤマボウシなど 黄:イタヤカエデ、イチョウ、カツラ、カラマツ、メタセコイアなど	アジサイ、イボタノキ、ハナミズキなど	ウメ、ロウバイ、マンサク、サンシュユなど	モモ、サクラ類、コブシ、レンギョウ、ボケ、ハナミズキ、ヤマブキ、レンゲツツジ、ユキヤナギなど	カイコウズ、ミズキ、ライラック、ザクロ、アジサイ、シモツケ、ネムノキ、サルスベリ、ナツツバキ、ムクゲなど	フヨウ、ミヤギノハギ、ヤマハギ、バラ類など	赤:アキグミ、ウメモドキ、カキノキ、ザクロ、ハナミズキなど 黄:イチョウ、カリン、クサボケ、センダンなど	花:ウメ、エゴノキ、クサギ、コブシ、サンショウ、スイカズラ、バラ類、フサアカシア、ロウバイなど

3-2-1 | 表5　樹木の性質

性質	耐陰性大	耐乾性大	耐湿地性大	耐潮風性大
常緑樹	イチイ、イヌガヤ、ドイツトウヒ、アオキ、アセビ、アラカシ、イヌツゲ、カクレミノ、サカキ、サザンカ、ツバキ類、ヒイラギ、ヒサカキ、マサキ、ユズリハなど	アカマツ、イチイ、モミ、アベリア、イスノキ、ウバメガシ、トベラ、ナンテン、マサキ、ヤマモモ、ユーカリなど	スギ、サワラ、カクレミノ、サンゴジュ、スダジイなど	イヌガヤ、カイズカイブキ、ビャクシン、アラカシ、クスノキ、クロガネモチ、サンゴジュ、タブノキ、ツバキ類、イヌツゲ、シャリンバイ、トベラ、ハマヒサカキ、ヒメユズリハ、マサキなど
落葉樹	ニワトコ、ヒメシャラ、ナツツバキ、ブナ、ムラサキシキブ、リョウブなど	イチョウ、ウメ、オウバイ、ナツグミ、コナラ、サクラ類、シラカンバ、ヤマハンノキ、ヤシャブシ、ヤマナラシなど	アキニレ、イイギリ、エノキ、カツラ、ウツギ、ガクアジサイ、シキギ、マユミ、クヌギ、チャンチン、トネリコ、ハンノキ、ミズキ、ヤナギ類など	アキニレ、エノキ、オオシマザクラ、ナンキンハゼ、ヤシャブシ、イボタノキ、ガクアジサイ、ナツグミ、アキグミ、ハマナス、ハマボウなど

❸材料選定

　植栽設計における材料選定は植物の特徴や性質に関わる様々な条件を整理、検討して決定することになります。そのほかにも機能植栽の条件や、市場性、施工性、維持管理性、コストなど、プロジェクトごとに制約条件を満たす樹種を選定することが求められます。

❹空間構成の手法と機能

　敷地の空間構成は、地形や建築物、工作物などといった構成要素に加え、植栽によりその空間的特徴を強調・緩和したり、異質の空間をつないだり、景観の統一性を図ったりするなど、場の性格やイメージを形成していきます。植栽は、構造物と比べ、経年による成長や管理手法により変化する柔らかい空間構成要素といえます。

　また、植物には防風、防塵、遮蔽、延焼防止、緑陰などといった機能を備えているものがあります。これらを活用した植栽を一般に機能植栽といいます。

　以下に、植栽による代表的な空間構成の手法と機能植栽の例を紹介します。

3-2-1 ｜表6　植栽による空間構成の手法と機能植栽の例

空間構成の手法	手法のイメージ例と解説
囲む	 地形造成により「囲み」の空間を作り、植栽によって「囲み」の空間を強調する **空間構成** ・最も基本的な手法で、植栽や地形あるいは塀などの工作物により空間を限定し、場の安定感をつくり出す。囲むことは、領域をつくり出し内側への関心を向け、居心地の良さを演出する。 **機能植栽：景観形成** ・植物に景観形成の役割を与えて、視覚的な効果を演出することができる。例えば植栽の配植により「囲われ感」を形成し、ひとつの領域をつくることができる。
区切る	 植栽により区切りを強調する **空間構成** ・土地利用や環境、利用目的などが異なる空間を、植栽や地形あるいは塀などの工作物により分節し、それぞれの空間を区切る。 **機能植栽：防風・防塵・防音・遮蔽・延焼防止** ・植物により、騒音などを緩和し、防音効果を得ることができる。その他に防風、防塵、遮蔽、延焼防止効果を得ることができる。

つなぐ	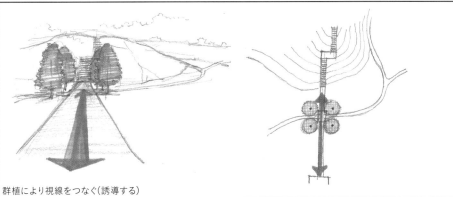 群植により視線をつなぐ(誘導する) **空間構成** ・利用目的や形質などが同じ空間の連続性を、より明確にする。 ・利用目的や形質などが異なる空間を、植栽を介在させることによりつなぐ。 **機能植栽:景観形成** ・植物により空間を形成して視覚的な効果を演出することができる。例えば、樹木の配列により異なる複数の場をつなぎ、風景の連続性、移行のグラデーション効果を得ることができる。
覆う	 緑陰樹で上空を覆う ブドウ棚で覆う デッキで地表面を覆う **空間構成** ・地形が変化する箇所を植栽で覆うことで空間を馴染ませ、周辺の景観との調和を図る。 ・それぞれ異なる空間を植栽で覆うことで連続性をもたせ、空間の一体化を図る。 **機能植栽:緑陰・遮光・調光** ・落葉樹により夏の緑陰と冬の日照を確保する。 ・葉の密度や葉の大きさ、常緑や落葉などの樹種特性を利用し、目的に応じて光の調整を図る。遮光・調光する対象や目的によりつる植物も利用可能である。

❺断面図の描き方

　近年は植栽断面図を描く出題はみられませんが、本来、植栽設計では断面による検討が必要となります。樹木相互の関係、地形との関係、人の視線に対する配慮の検討を行い、その内容を伝えるだけではなく、自ら確認する意味でも断面図を作成することが重要です。

　問題における作図は時間の制限があるため、必要最低限の情報を記入することになります。そのため次の内容について特に留意します。

・平面図の位置関係と整合がとれている。

・凡例に記入した形状寸法と平面図の整合がとれている。

・樹種の特徴が表現できている。

・高木、中木、低木、地被類が描き分けられている。

・樹種名や形状寸法などが文字で記入されている。

　なお、描き込みの程度は時間に応じて判断することになりますが、スケールとなる人や車を描き添えるなど、よりわかりやすい図面表現に配慮します。

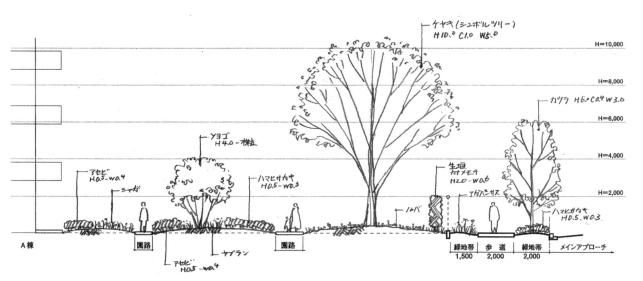

3-2-1｜図3　集合住宅における植栽断面図の作図例

　別荘地として開発されたエリアに立地する宿泊施設の改修に伴う、名山への借景を活かした広場や庭園の植栽設計に関する問題が出題されています。建築施設の用途・性格から求められる配植や和風の庭園をつくるために既存の流れや築山を活かした空間づくりに関する配植技術のほか、四季の植物や機能植栽、地域の植生に関する知識が問われています。

. . . .

I. 問題文の読み取りポイント

❶課題

　対象地は、別荘地として開発されたエリアに立地する宿泊施設の庭である。地域の名山の裾野に広がる本エリアは、良好な自然環境の中での休養や軽登山などのレクリエーションを求め、近年観光客が増えている。こうした状況から、本計画では以前保養所であった場所を、観光ニーズの増加に伴い宿泊施設として改修することとなった。 ━━━ 設計目的を把握する

　本設計に与えられた課題は、宿泊施設としてリニューアルでできたエントランスホール及びレストランの前庭について、外部景観に配慮した新たな広場や、保養所の時から存在した池や流れを活かした庭園の植栽設計を行うものである。

　以下の課題について、解答用紙にそれぞれ記入しなさい。

1　解答用紙に示す6地域の中から、あなたが設計を行う地域を一つ選び、選択した地域の枠内に「✓」を記入しなさい。 ━━━ 自分の熟知した地域を選択すると解答しやすい

2　「広場ゾーン」と「庭園ゾーン」の植栽設計について、植栽設計方針を簡潔に記述しなさい。 ━━━ 下記の「敷地条件」や「設計条件」に設計方針のキーワードが示されている

3　植栽設計の対象となる3つのゾーンについて、設計条件に従って作図及び凡例を記入しなさい。

❷敷地条件

□ 設計対象地の南東側には既存道路があり、その先には、個人の別荘などが建ち並んでいる。 ━━━ 周辺の土地利用を把握する

□ 設計対象地の南東方向1km程先には、名山を最高峰とする連峰がそびえ立ち、対象地から山々の雄大な景観を眺望することができる。なお、名山との標高差は、およそ500m程度である。 ━━━ 留意すべき景観的ポイント

□ 設計対象地には池や流れが整備され、散策可能な遊歩道も整備されている。 ━━━ 既存施設を確認する

□ 池や流れの背景には、郷土種による既存自然林が広がっている。 ━━━ 6つの地域の中から選んだ地域の植生を考慮する

❸設計条件

A.広場ゾーン

□ エントランスホールからの景観を考慮しながら、四季の移ろいを楽しむことができる植栽を行う。 ━━━ 広場ゾーンの景観と山々への眺望の確保に留意する ／ 四季の花、果実、紅葉、芳香等に関する樹種の知識が問われている

- ☐ 散策や小規模なイベントが行われる広場としての利用に配慮する。
- ☐ 新植する高木（2種:A1・A2）、低木・地被類（3種:B1・B2・B3）を設定し、図中に表記するとともに樹種名と形状寸法を凡例表に記入すること。 ──── イベントができるオープンスペースの確保に留意する
- ☐ なお、図示する植栽以外の部分は芝生とするが、特に図面表現を行う必要はない。

B.庭園ゾーン

- ☐ レストラン内を視点場とする眺めを考慮するとともに、散策も楽しめる庭園となる植栽を行う。 ──── 築山から流れ、池などへの注視点（フォーカルポイント）や見せ場があることに留意する
- ☐ 庭園内の植栽は、和風な池や流れの存在を意識した修景的な配植及び樹種とする。 ──── 園路を歩く時のシークエンスに配慮した変化のある樹種構成が問われている / 「和風」を演出する樹種、水辺を修景する樹種が問われている
- ☐ 新植する高木（2種:C1・C2）、中木（2種:D1・D2）、低木・地被類（3種:E1・E2・E3）を設定し、図中に表記するとともに樹種名と形状寸法を凡例表に記入すること。 ──── 凡例表の地被類に芝生を記入しなくてもよいことに留意する
- ☐ なお、図示する植栽以外の部分は芝生とするが、特に図面表現を行う必要はない。
- ☐ 背景となる既存自然林の樹種（2種:既1・既2）の樹種名を凡例表に記入すること。 ──── 6地域の中から選んだ地域にふさわしい自然林を構成する樹種であること。地域の自生種、潜在自然植生の構成種を選択する

C.背景ゾーン

- ☐ エントランスホールから南東側の眺めに対しては、遠景の名山を借景として取り入れながらも、近くに見える別荘等については遮蔽を意識した植栽を行う。 ──── 名山への眺望を確保すること
- ☐ 敷地の東側に隣接する別企業の保養所を遮蔽するための植栽を行う。 ──── 遮蔽が必要な機能植栽が問われている
- ☐ 新植する高木（2種:F1・F2）、中木（2種:G1・G2(生垣)）、低木・地被類（2種:H1・H2）を設定し、図中に表記するとともに樹種名と形状寸法を凡例表に記入すること。

❹解答における留意事項

- ☐ 現況図や平面図に表記されている既存高木は、現況の位置・状況を示すものである。
- ☐ 新植する樹木は、常緑・落葉等を適宜自由に設定すること。
- ☐ 植物の名称は、和名または学名で記述すること。
- ☐ 凡例に記入する植物の形状寸法は、市場性に配慮した植栽時の寸法を記入すること。 ──── 刊行物資料に記載がある樹種・形状寸法、または経験上調達に無理のない形状寸法を記入する。新植時の寸法は、一般的に既存樹と比較してかなり小さいので注意して記入する
- ☐ 図示する高木・中木の樹冠は、植栽後5年を経過して成長した大きさとして図示すること。 ──── 凡例表に記入した寸法ではなく、5年後の想定の大きさ（おおむね植栽時より3m程度大きい樹冠が目安）で描く

❺ 敷地条件図(平面図)

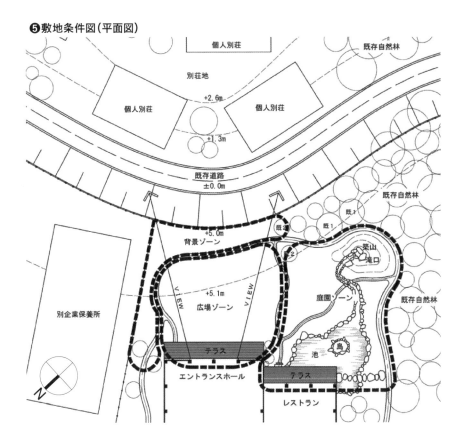

3. 植栽平面図の作成

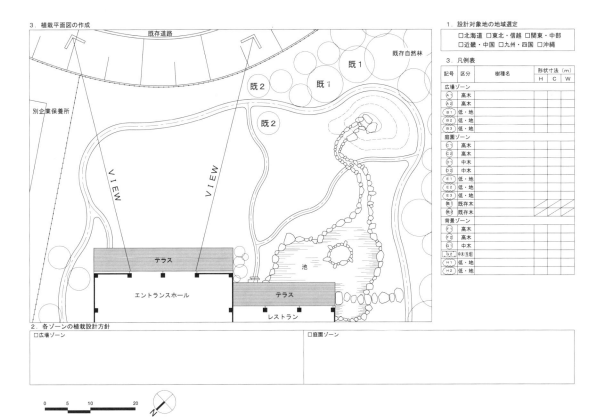

1. 設計対象地の地域選定
□北海道 □東北・信越 □関東・中部
□近畿・中国 □九州・四国 □沖縄

3. 凡例表

記号	区分	樹種名	形状寸法 (m)		
			H	C	W
広場ゾーン					
Ⓐ1	高木				
Ⓐ2	高木				
Ⓑ1	低・地				
Ⓑ2	低・地				
Ⓑ3	低・地				
庭園ゾーン					
Ⓒ1	高木				
Ⓒ2	高木				
Ⓓ1	中木				
Ⓓ2	中木				
Ⓔ1	低・地				
Ⓔ2	低・地				
Ⓔ3	低・地				
既1	既存木				
既2	既存木				
背景ゾーン					
Ⓕ1	高木				
Ⓕ2	高木				
Ⓖ1	中木				
Ⓖ2	中木(生垣)				
Ⓗ1	低・地				
Ⓗ2	低・地				

2. 各ゾーンの植栽設計方針

□広場ゾーン	□庭園ゾーン

0 5 10   20

2. 計画のポイントと解答プロセス

❶ 課題の読み取り

　問題文から設計の与条件、解答方法を読み取ることと平行して、敷地条件図から周辺環境の条件を読み取り、整理します。敷地条件、ゾーンごとの用途、建物や施設と植栽地の関係、計画地周辺との関係、確保すべき眺望景観、それらから導かれる植栽の機能を整理することで、ゾーンごとの植栽設計の方向性を決めていきます。

　下記に示すように、読み取ったことを記入することで、解答すべきポイントが整理され、より明確になります。

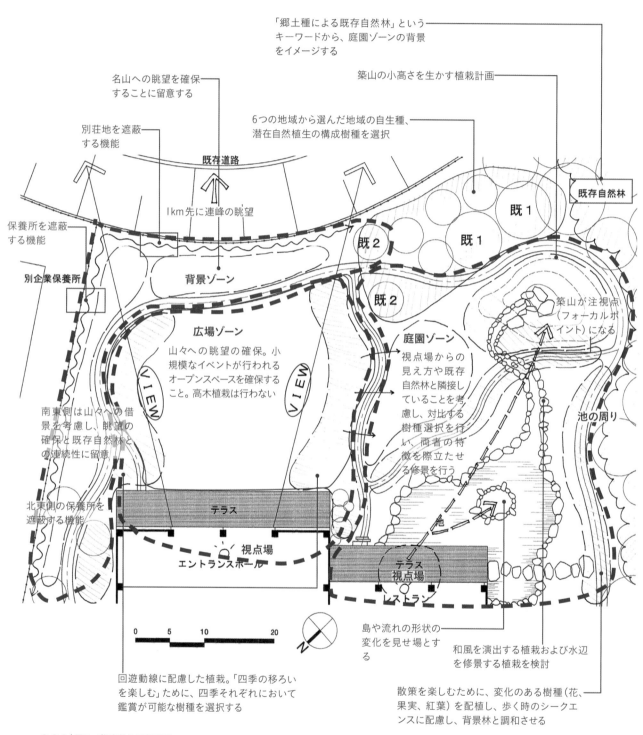

3-2-2｜図1　敷地条件の整理例

❷ ゾーンごとの設計方針の設定　→　配植の決定

→　樹種の決定

　環境条件と設計与条件を整理した上で、具体的な設計方針を決めます。例えば、機能植栽や景観上の工夫、植栽エリアにおいて考えられる利用方法などが手がかりとなります。

　樹種選定にあたっては、生育環境が適合しているか、成長特性や形態的特徴などが計画方針に適合しているか確認し、市場性に乏しい特殊な樹種は避けるようにします。また、この例示のように「対比」のデザイン手法を考慮し、それぞれの特徴を際立たせる修景も勘案します。

　タケ類などを用いる場合は無秩序に拡散しない配慮を示すことが望ましいといえます。

※解答例では設計対象地域を関東地方としています。

A. 広場ゾーン

環境条件・設計条件	植栽設計の方向性	解答（設計方針）
・名山への眺望を確保したい ・小規模イベントが可能な広場 ・四季の移ろいを楽しむ ・エントランスホールからの景観を考慮	・借景景観を擁した広く明るいオープンスペース ・四季を通じて楽しめる花木などの健全な育成	・山々への眺望を確保し、また、小規模イベントの開催が可能なオープンスペースとして芝生の広場を設ける。 ・広場の周縁となる散策路沿いは、回遊動線としての演出、すなわち高木や低木により誘導機能を持たせ、かつ修景する。 ・広場の外周縁を「四季の移ろいを楽しむ」植栽構成とする。

樹種の設定

・眺望のフレームを確保し、前景にふさわしい形態上魅力のある樹種、かつ広場ゾーンのシンボルツリーにもなる樹種を選択する。

・夏場の緑陰樹としての機能を確保する樹種を選択する。

・明るい広場を目指すため、特に冬場の日照や景観を考慮し、落葉樹を中心に選択する。

・四季の花、果実、紅葉、芳香などが明確な樹種を選択する。

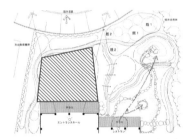

3-2-2｜図2　解答対象地位置図（広場ゾーン）

B. 庭園ゾーン

環境条件・設計条件	植栽設計の方向性	解答（設計方針）
・レストランが視点場となる ・築山、流れ、池などを擁した和風の庭園 ・築山が注視点（フォーカルポイント）となる ・既存自然林が背景となる	・既存自然林に囲まれ領域感が確保された静謐な世界観 ・築山や池、流れを演出する和風の修景	・視点場から注視点（フォーカルポイント）となる築山までの視線を植栽により効果的に誘導する。 ・池、流れ、築山を和風に演出、修景する。 ・背景の既存自然林により作られた囲われ感を活かした修景とする。 ・散策を楽しむために変化に富む種類を配し、歩くときのシークエンスを考慮する。

樹種の設定

・池、流れ、築山を和風に修景する樹種を選択する（和風を演出する植栽構成について、普段からおさえておくとよい）。

・視点場のレストランから築山への視線を妨げないように大木にならず成長の速度が遅い樹種を選択する。

・低木・地被類も含めた水辺の景観を演出する魅力的な種類を選択する。

・散策を楽しむことができるように観賞ポイントが特徴的な樹種（花、果実、紅葉など）を選択する。ただし、既存自然林に近い散策路については、日照条件に配慮する。

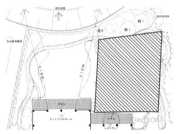

3-2-2｜図3　解答対象地位置図（庭園ゾーン）

C. 背景ゾーン

環境条件・設計条件		植栽設計の方向性		解答（設計方針）

・遠景の名山を借景として取り入れ、近くに見える別荘などの遮蔽を行う
・企業保養所を遮蔽する

→

・遮蔽および領域区分を担う機能植栽を行う
・敷地際の修景植栽を前景とし、名山の見え方に配慮

→

・名山への眺望を確保するため、遮蔽植栽は確保しつつ、ゾーン中心部には密な高木植栽は行わない。
・領域を区分するためゾーンの両サイドに高木を配植する。
・既存自然林との調和を考慮した高木植栽を行う。

樹種の設定

・生垣など遮蔽機能をもつ樹種を選定する。生垣は、葉の密度が高く、萌芽力が強く剪定に耐える種類が多い。地方によって利用頻度の高い樹種があるため、チェックする。
・高木は既存自然林との自然な調和や連続性を考慮する。

・設問の既存木の種類については、6つの地域から選んだ地域の植生を構成する樹種であること。その地域の自生種、潜在自然植生の構成種を選択する。

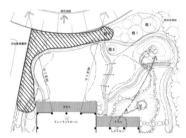

3-2-2｜図4　解答対象地位置図（背景ゾーン）

3-2-2｜表1　「植栽設計平面図」の作成における凡例表の作成例

記号	区分	樹種名	形状寸法（m）		
			H	C	W
広場ゾーン					
A1	高木	ソメイヨシノ	6.0	0.30	2.5
A2	高木	シラカシ	5.0	0.40	1.8
B1	低・地	リュウキュウツツジ	0.4	-	0.3
B2	低・地	フィリフェラ オーレア	0.2	-	10.5本/㎡
B3	低・地	フイリツワブキ	-	3枚葉	10.5本/㎡
庭園ゾーン					
C1	高木	アカマツ	4.0	0.30	2.0
C2	高木	イロハモミジ	3.0	0.18	1.5
D1	中木	ソヨゴ	2.5	-	株立
D2	中木	ヒメシャラ	3.0	0.12	0.6
E1	低・地	サツキツツジ	0.4	-	0.3
E2	低・地	ツワブキ	-	3枚葉	10.5本/㎡
E3	低・地	シマカンスゲ	-	3枚葉	10.5本/㎡
既1	既存木	クヌギ			
既2	既存木	ヤブツバキ			
背景ゾーン					
F1	高木	アラカシ	5.0	0.30	1.5
F2	高木	コナラ	4.0	0.25	株立
G1	中木	ムクゲ	2.0	-	0.6
G2	中木(生垣)	マサキ	1.8	-	0.5
H1	低・地	ユキヤナギ	0.5	-	3本立
H2	低・地	ガクアジサイ	0.5	-	3本立

3. 解答例（図面）

　整理した設計方針にしたがって作図していきます。新植の樹種は、凡例表には植栽時の形状寸法で記入しますが、図面では植栽後5年を経過し、成長した時点における樹冠投影図を描き込むように指定されています。将来の枝張りを想定して密度に留意しながら、配植を行ないます。

　植栽設計方針の記述欄には、設計条件を満たす方針、問題解答者が設定した方針を明確に記述することが重要です。

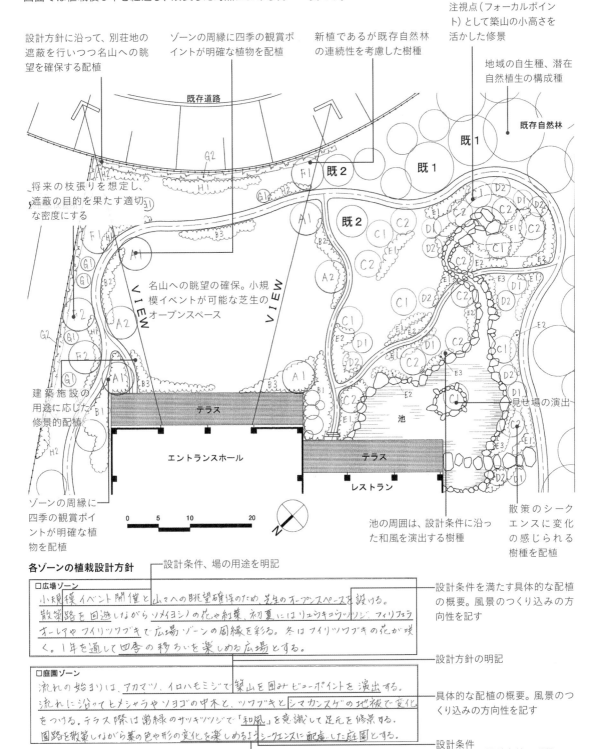

設計方針に沿って、別荘地の遮蔽を行いつつ名山への眺望を確保する配植

ゾーンの周縁に四季の観賞ポイントが明確な植物を配植

新植であるが既存自然林の連続性を考慮した樹種

注視点（フォーカルポイント）として築山の小高さを活かした修景

地域の自生種、潜在自然植生の構成種

将来の枝張りを想定し、遮蔽の目的を果たす適切な密度にする

名山への眺望の確保。小規模イベントが可能な芝生のオープンスペース

建築施設の用途に応じた修景的配植

ゾーンの周縁に四季の観賞ポイントが明確な植物を配植

池の周囲は、設計条件に沿った和風を演出する樹種

見せ場の演出

散策のシークエンスに変化の感じられる樹種を配植

各ゾーンの植栽設計方針

設計条件、場の用途を明記

□広場ゾーン
小規模イベント開催と山々への眺望確保のため、芝生のオープンスペースを設ける。散策路を回遊しながらソメイヨシノの花や紅葉、初夏にはリュウキュウツツジ、フィリフェラオーレヤフイリツワブキで広場ゾーンの周縁を彩る。冬はフイリツワブキの花が咲く。1年を通して四季の移らいを楽しめる広場とする。

設計条件を満たす具体的な配植の概要。風景のつくり込みの方向性を記す

設計方針の明記

□庭園ゾーン
流れの始まりは、アカマツ、イロハモミジで築山を囲みビューポイントを演出する。流れに沿ってヒメシャラやソヨゴの中木と、ツワブキとシマカンスゲの地被で変化をつける。テラス際は常緑のサツキツツジで「和風」を意識して足元を修景する。園路を散策しながら葉の色や形の変化を楽しめるようシークエンスに配慮した庭園とする。

具体的な配植の概要。風景のつくり込みの方向性を記す

設計条件

設計方針の明記

3-2-2｜図5　2017年の植栽設計図の解答例　※チェック項目を引き出し文字で追記している

4. 解答例の補足説明

　植栽設計の試験は基本的に植栽平面図の作成と植栽凡例表などの作成で完了ですが、実務においては他の分野と同様、周辺状況の把握と評価、立体的な空間イメージの構築が重要になります。特に植栽設計は景観形成が主要な課題となってきます。

　例えば、遠景の山岳景観をどのように取り込み、景観を阻害する要素を遮蔽しながら近景をいかに整えるか、また、植物の美的な特性をいかに発揮させるかにかかってきます。

　さらに植物は成長するため、目標となる樹形を想定し、空間バランスを構築することが重要な検討課題となります。

　以下に解答例のイメージを例示します

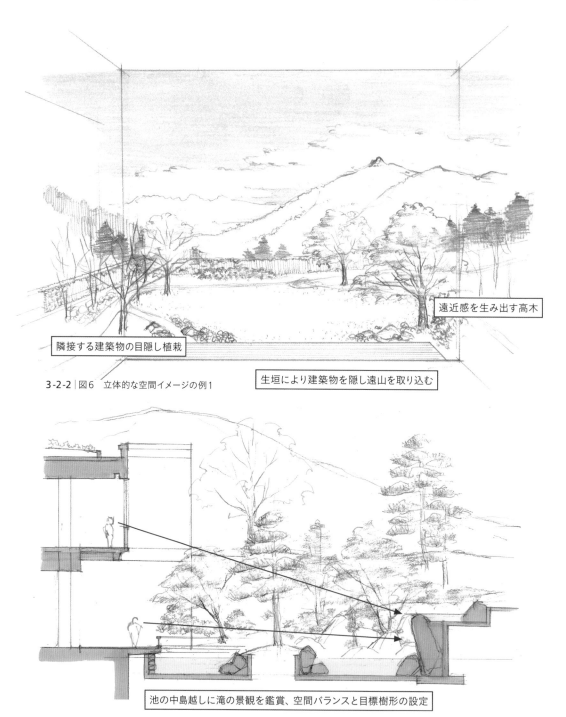

隣接する建築物の目隠し植栽

遠近感を生み出す高木

生垣により建築物を隠し遠山を取り込む

3-2-2｜図6　立体的な空間イメージの例1

池の中島越しに滝の景観を鑑賞、空間バランスと目標樹形の設定

3-2-2｜図7　立体的な空間イメージの例2

2018年問題と解答例

　都市近郊の丘陵地に整備するデイサービスセンター（通所介護施設）に付属するセラピーガーデンや芝生広場、既存樹林に接した散策路周辺の植栽設計に関する問題が出題されています。施設の用途から「園芸療法」に関わる植栽、眺望に留意した空間の読み取り、四季の植物、地域の植生に関する知識が問われています。

I. 問題文の読み取りポイント

❶課題

　都市近郊に整偏するデイサービスセンター（通所介護施設）に付属する園地の植栽について、敷地条件、設計条件、解答における留意事項を満たす植栽設計の考え方を示し、植栽設計平面図等を作成しなさい。

― 施設の機能、性格を把握する

1　設計にあたり、解答用紙の設計対象地域に示す6地域の中から、あなたが設計を行う地域をひとつ選び、選択する地域の枠内に「✓」を配入しなさい。

― 自分の熟知した地域を選択すると解答しやすい

2　あなたが設計を行う地域を代表する樹種を1種選び、その名称を記入しなさい。

― 選んだ対象地域で代表的な樹種の知識を問われている

3　植栽設計の考え方と植栽する植物種の名称と形状寸法、ならびに鑑賞対象となる季節を凡例表に記入しなさい。

4　植物種の配植を平面図に図示しなさい。

― 植物の鑑賞ポイントの知識と鑑賞時期の整合性を問われている

❷敷地条件

□ 設計対象地は、地域の植生が残る都市近郊の丘陵地に立地する。

― 地形、植生、土地利用を把握する

□ 設計対象地の北側は駐車場、南側は既存樹林、東側は道路に接しており、設計敷地と道路との高低差は約1.7mである。

― 敷地内の機能、敷地に接する部分の条件を把握する

― 車両の往来を隠す必要性を読み取る

□ 南側の既存樹林は、地域の植生が残る良好な樹林となっている。

□ 設計対象地の北東側には、田園風景と山並みへの眺望が広がっている。

― 丘陵地であり、斜面林が庭園の背景になることをイメージする

❸設計条件

　設計対象地は、以下の3つに区分される。

<セラピーガーデン>

□ セラピーガーデンは「Aの庭」「Bの庭」「レイズドベッド」で構成され、施設利用者の憩いや園芸療法の場となっている。

― 道路際の遮蔽に配慮しつつ、田園風景や山並みへの眺望を確保することに留意する

□ 「Aの庭」「Bの庭」において、それぞれに異なるテーマを持たせ、そのテーマに沿ったAの庭に植栽する低木・地被植物（3種類、A）、Bの庭に植栽する低木・地被植物（3種類、B）、ならびにレイズドベッドに植栽する地被植物（2種類、R）を設定し、凡例表に植栽設計の考え方、及び植物名とその鑑賞対象となる季節、形状寸法を記入すること。

□ 配植は、既に図中に示した通りとする。

― 庭園の設計目的を把握する

― 「園芸療法」の設計、植物材料の知識を問われている

― セラピーガーデンの意図に沿った3つのテーマを設定する

― 配植は示されているため、低木・地被類の種類を凡例表に記入するのみとする

＜四季の広場＞

□ 四季の広場は「芝生広場」「パーゴラ」「園路」「ベンチ」で構成され、四季を
通じて散策や休憩、そして眺望を楽しむ広場となっている。 ──── 施設、構造物を把握する

─── 四季の鑑賞ポイント（花、果実、紅葉、芳香など）のある樹種の知識を問われている

□ 広場内に植栽する高木・中木（4種類、H1・H2・H3・H4）、低木・地被（2種類、
b1・b2）、パーゴラへのツル性植物（1種類、t1）を設定し、図中に表示すると
ともに、凡例表に植栽設計の考え方、及び植物名とその鑑賞対象となる
季節、形状寸法を凡例表に記入すること。 ──── 田園風景と山並みへの眺望を確保する

＜林縁の散策路＞

□ 林縁の散策路は「散策路」「四阿」「ベンチ」で構成され、南側の既存樹林
と調和した空間となっている。 ──── 施設、構造物を把握する

─── 選んだ「地域の植生」を考慮し、地域にふさわしい樹種を選択する

□ 植栽する高木・中木（3種類、F1・F2・F3）、低木・地被（3種類、f1・f2・f3）を設定
し、図中に表示するとともに、凡例表に植栽設計の考え方、及び植物名、
形状寸法を記入すること。

❹解答における留意事項

□ 植栽設計平面図に図示する植栽は、解答用紙に記載された凡例記号を記
入すること。また、図中に表示する樹木の大きさ（枝張）は、植栽後5年程
度を想定して表現すること。 ──── 凡例表に記入した寸法ではなく、5年後の想定の大きさ（おおむね植栽時より3m程度大きい樹冠が目安）で描く

□ 植物の名称は和名、または学名で記述すること。

□ 形状寸法は市場性に配慮し、植栽時の寸法を記入すること。 ──── 刊行物資料に記載がある樹種・形状寸法、または経験上調達に無理がない形状寸法を記入する。新植時の寸法は、一般的に既存樹と比較してかなり小さいので注意して記入する

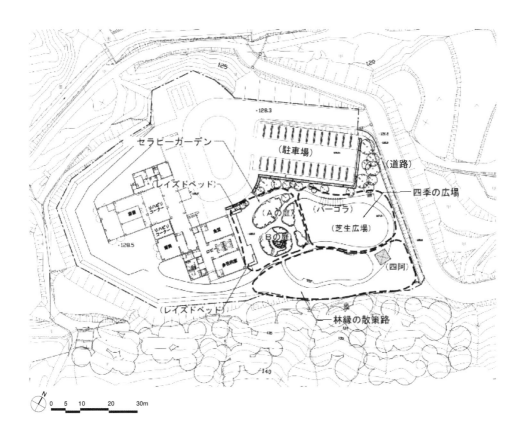

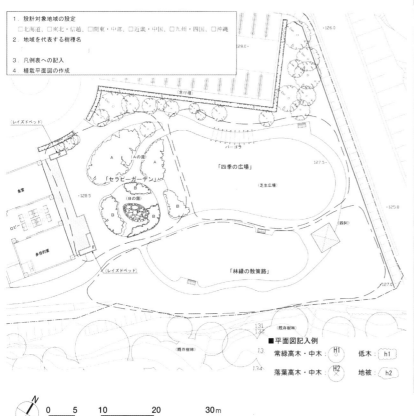

■凡例表

	記号	区分	植物名	形状寸法（m）		
				H	C	W
セラピーガーデン	Aの庭	※（ ）内には龍言対象となる季節を記入すること、以下同様				
	A	低木・地被（ ）				
	A	低木・地被（ ）				
	A	低木・地被（ ）				
	考え方					
	Bの庭					
	B	低木・地被（ ）				
	B	低木・地被（ ）				
	B	低木・地被（ ）				
	考え方					
	レイズドベッド					
	R	地被（ ）				
	R	地被（ ）				
	考え方					
四季の広場	H1	高木・中木（ ）				
	H2	高木・中木（ ）				
	H3	高木・中木（ ）				
	H4	高木・中木（ ）				
	h1	低木・地被（ ）				
	h2	低木・地被（ ）				
	t1	ツル性植物（ ）				
	考え方					
林縁の散策路	F1	高木・中木				
	F2	高木・中木				
	F3	高木・中木				
	f1	低木・地被				
	f2	低木・地被				
	f3	低木・地被				
	考え方					

1. 設計対象地域の設定
   □北海道・□東北・信越・□関東・中部・□近畿・中国・□九州・四国・□沖縄
2. 地域を代表する樹種名
3. 凡例表への記入
4. 植栽平面図の作成

■平面図記入例

常緑高木・中木 H1 　低木：h1

落葉高木・中木 H2 　地被：h2

2. 計画のポイントと解答プロセス

❶課題の読み取り

　2017年の問題と同様、2018年においても建築施設の用途に関連する植栽計画と敷地周辺との関係性を踏ま

えた解答が求められています。設問をよく読み込み、ゾーンごとの植栽設計の方向性を組み立てます。以下に方向性を整理するにあたって読み取った内容の記入例を示します。

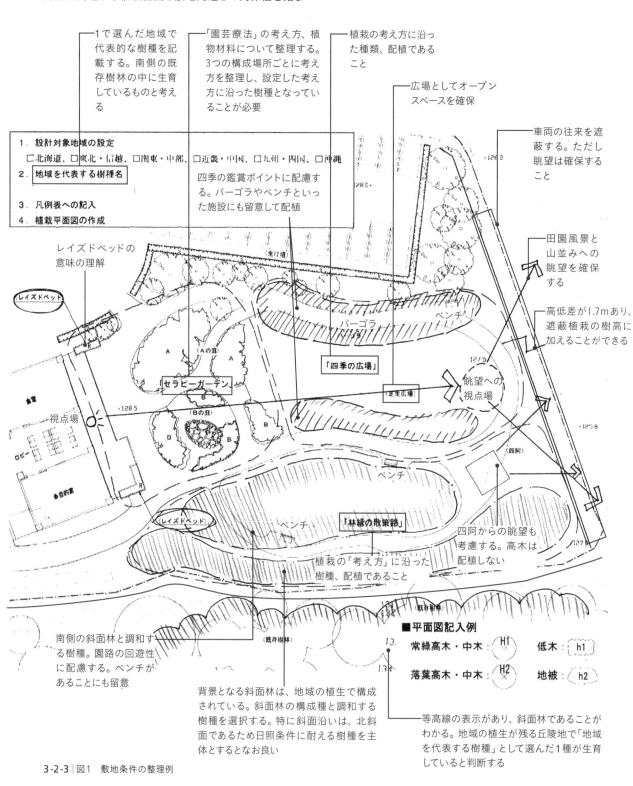

1で選んだ地域で代表的な樹種を記載する。南側の既存樹林の中に生育しているものと考える

「園芸療法」の考え方、植物材料について整理する。3つの構成場所ごとに考え方を整理し、設定した考え方に沿った樹種となっていることが必要

植栽の考え方に沿った種類、配植であること

広場としてオープンスペースを確保

車両の往来を遮蔽する。ただし眺望は確保すること

1. 設計対象地域の設定
　□北海道、□東北・信越、□関東・中部、□近畿・中国、□九州・四国、□沖縄
2. 地域を代表する樹種名
3. 凡例表への記入
4. 植栽平面図の作成

四季の鑑賞ポイントに配慮する。パーゴラやベンチといった施設にも留意して配植

田園風景と山並みへの眺望を確保する

高低差が1.7mあり、遮蔽植栽の樹高に加えることができる

レイズドベッドの意味の理解

視点場

南側の斜面林と調和する樹種。園路の回遊性に配慮する。ベンチがあることにも留意

背景となる斜面林は、地域の植生で構成されている。斜面林の構成種と調和する樹種を選択する。特に斜面沿いは、北斜面であるため日照条件に耐える樹種を主体とするとなお良い

植栽の「考え方」に沿った樹種、配植であること

四阿からの眺望も考慮する。高木は配植しない

■平面図記入例

13. 常緑高木・中木 Ⓗ1	低木 : h1	
13A. 落葉高木・中木 Ⓗ2	地被 : h2	

等高線の表示があり、斜面林であることがわかる。地域の植生が残る丘陵地で「地域を代表する樹種」として選んだ1種が生育していると判断する

3-2-3│図1　敷地条件の整理例

**❷ゾーンごとの設計方針の設定 → 配植の決定
→ 樹種の決定**

　この問題では、設計対象地が3箇所に区分され、施設の構成や立地特性が具体的に示されています。また、既に配植が決定されている箇所もあることから、問題文から適切に条件を読み取り、環境条件や設計条件を適切に把握し、条件に適合した配植と樹種選定を行う植栽設計が求められます。

※解答例では設計対象地域を北海道地方としています。

A.セラピーガーデン

環境条件・設計条件	植栽設計の方向性	解答（設計方針）
・憩いの場、療養の場であることに留意 ・施設利用者の想いや園芸療法にふさわしいテーマを持たせる ・配植は決定済み	・植物によって五感を刺激し四季を通じて楽しめる明るく健康的なセラピーガーデン	・植栽地ごとに各々異なった明確なテーマを持ち、目的に整合した植栽構成とする。 ・植栽設計の考え方を明確にする。 ・鑑賞対象の季節、形状寸法を把握し、バランスのとれた配植とする。

樹種の設定

・各テーマに合った植物を選択する。
・各庭、レイズドベッドの機能を活かした植物を選択する。
・レイズドベッドは車いすでも楽しめる高さに植物がある。日頃、活動範囲が限られる車いす利用者が庭園を楽しめるよう、五感を刺激する植物を選択する。

・冬期の修景にも配慮し、常緑と落葉のバランスを考えた植物を選択する。

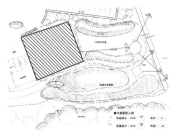

3-2-3｜図2　解答対象地位置図(セラピーガーデン)

B.四季の広場

環境条件・設計条件	植栽設計の方向性	解答（設計方針）
・パーゴラなどの施設、園路がある ・四季を通じて休憩しながら散策できる庭 ・田園風景や山並の眺望が楽しめる芝生の広場 ・道路との高低差がある	・四季の移ろいを楽しめる開放的なオープンスペース ・遮蔽機能を用いて景観を調整しつつ雄大な眺望を楽しむ庭	・道路の高低差を利用した修景とし、広場は眺望を確保した配植とする。 ・既存の施設を活かした花、果実、紅葉や芳香など四季ごとの鑑賞対象が明確な植栽構成とする。

樹種の設定

・散策しながら四季の移ろいを楽しみつつ、緑陰と眺望を確保した樹種を選択する。四季ごとの鑑賞対象（花、果実、紅葉、芳香など）が明確な樹種を選択する。
・眺望を確保するため、また明るい広場とするため、落葉樹を中心に選択する。

・遮蔽機能に利用される樹種は、葉や枝の密度が高く、萌芽力が強い樹種を選択する。

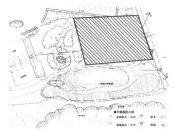

3-2-3｜図3　解答対象地位置図(四季の広場)

C. 林縁の散策路

環境条件・設計条件	植栽設計の方向性	解答（設計方針）
・四阿などの施設、散策路がある ・道路と既存樹林に隣接している ・既存樹林との調和が必要	・歩いて空間の変化を感じる回遊性のある散策路 ・四阿からの雄大な眺望景観 ・広場からのバッファーとなる既存樹林と調和した疎林	・地域の在来種を中心に既存樹林との調和を図る。 ・散策路沿いは四季ごとに楽しめる樹種構成とする。 ・四阿からの眺望に配慮し、既存樹林と調和のとれた配植とする。

樹種の設定

・地域の在来種を参考とし、既存樹林との調和を考慮した樹種を選択する。北側の広場のバッファーとしての林となるため、将来の成長を考慮した樹種を選択する。
・北海道地域の場合、冬期の日照確保のため落葉樹を中心に選択する。

・眺望の確保に配慮した樹種として、落葉樹を主体として選択する。
・散策時の変化（樹形、花、実、紅葉、芳香など）を楽しめる樹種を選択する。落葉樹は、樹形そのものも鑑賞対象となるものが多い。

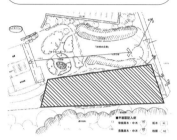

3-2-3｜図4　解答対象地位置図（林縁の散策路）

3-2-3｜表1　「植栽設計平面図」の作成における凡例表の作成例

	記号	区分	植物名	H	C	W
セラピーガーデン			**Aの庭**　※（　）内には鑑賞対象となる季節を記入すること、以下同様			
	A	低木・地被	（春）サラサドウダンツツジ	0.8	−	0.3
	A	低木・地被	（夏）アスチルベ	−	3芽立	10.5VP
	A	低木・地被	（春）クリスマスローズ	−	3芽立	10.5VP
	考え方		花と紅葉が楽しめるサラサドウダンツツジを中心とした四季の彩りを楽しめる庭とする。			
			Bの庭			
	B	低木・地被	（秋）アキグミ	0.8	−	0.4
	B	低木・地被	（夏）ラベンダー	−		12.0VP
	B	低木・地被	（春）シバザクラ	−	3芽立	9.0VP
	考え方		香り、食べられる実のある、見て触れて、食べて楽しめる五感を刺激する庭とする。			
			レイズドベッド			
	R	地被	（春）スズラン	−	3芽立	10.5VP
	R	地被	（夏）宿根フロックス	−		10.5VP
	考え方		レイズドベッドの特徴である高さを活かし、かれんな花を間近で楽しむことができる植栽とする。			
四季の広場	H1	高木・中木	（春）エゾヤマザクラ	5.0	0.20	1.2
	H2	高木・中木	（春）ナナカマド	4.0	0.18	0.8
	H3	高木・中木	（春）ライラック	1.8	−	0.7
	H4	高木・中木	（夏）ムクゲ	2.0	−	0.6
	h1	低木・地被	（秋）ニシキギ	0.6	−	0.3
	h2	低木・地被	（冬）ハイビャクシン	−	−	L0.3
	t1	ツル性植物	（夏）フジ	−	0.10	
	考え方		落葉樹を中心とした、四季の変化を楽しみながら、地域の田園風景と山並みも楽しめる眺望も確保			
林縁の散策路	F1	高木・中木	ミズナラ	5.0	0.25	2.0
	F2	高木・中木	イタヤカエデ	4.0	0.18	−
	F3	高木・中木	アカエゾマツ	4.0		1.5
	f1	低木・地被	エゾムラサキツツジ	0.8		0.4
	f2	低木・地被	ヤマブキ	0.5		0.3
	f3	低木・地被	シュンラン	−		10.5VP
	考え方		地域の在来種を中心とした、新緑、花、紅葉、樹形を楽しめる植栽とする。			

3. 解答例（図面）

　新植樹は、凡例表に植栽時の形状寸法で記入します
が、図面では植栽後5年を経過し、成長した時点におけ
る樹冠投影図を描き込むように指定されています。将来
の枝張りを想定して密度に留意しながら設計します。

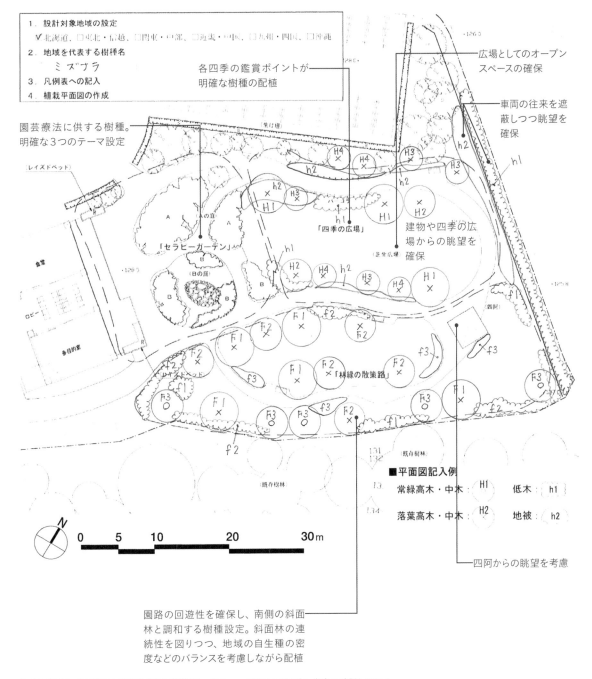

1．設計対象地域の設定
　☑北海道、□東北・信越、□関東・中部、□近畿・中国、□九州・四国、□沖縄
2．地域を代表する樹種名
　　ミズナラ
3．凡例表への記入
4．植栽平面図の作成

各四季の鑑賞ポイントが
明確な樹種の配植

広場としてのオープン
スペースの確保

車両の往来を遮
蔽しつつ眺望を
確保

園芸療法に供する樹種。
明確な3つのテーマ設定

建物や四季の広
場からの眺望を
確保

■平面図記入例

常緑高木・中木	H1	低木	h1
落葉高木・中木	H2	地被	h2

四阿からの眺望を考慮

園路の回遊性を確保し、南側の斜面
林と調和する樹種設定。斜面林の連
続性を図りつつ、地域の自生種の密
度などのバランスを考慮しながら配植

3-2-3｜図5　2018年の植栽設計図の解答例　※チェック項目を引き出し文字で追記している

■植栽管理の見識と理解の必要性

　わが国の公園緑地はこれまで多く整備され、新たに整備することが少なくなってきています。実際の業務でも新たに植栽構成を考えて新植する樹木を設計することが少なくなってきています。これは公園緑地が管理の時代となったことを示しています。

　植栽管理は、本来、植物の生育に伴って計画的に行われるものですが、多くはクレームに対処した管理が行われていることが現状で、計画的に植栽管理を行っている事例は少ないと言えます。その結果、植物の持つ特性、美しさ、様々な効果を十分に引き出せていないジレンマがあります。

　われわれ登録ランドスケープアーキテクト（ＲＬＡ）は、植物の持つ特性、美しさ、様々な効果を十分引き出し、「メンテナンス・イズ・アート」を目指し、植栽管理について見識と理解を深める必要があります。

■植栽の管理をめぐる経年変化

　公園、学校、団地、街路樹などで植栽から40〜50年経過し、管理に対して所有者が困っていることは数多く、例えば、「樹木が大きくなりすぎて植え桝からはみ出す」、「樹冠に覆われ、園地が暗く林床が裸地化」などを聞きます。これらの多くは予算不足で先送りにしてきたため、顕在化してきているといえます。

■樹木をめぐる行政の動き

　樹木をめぐる行政の動きとして以下のように街路樹の問題に対して対策が行われています。

・公共の樹木を対象に最大５年サイクルで健全度診断を実施
・樹木医の立会いのもと丁寧に街路樹工事が実施される事例の増加
・根系調査の結果により歩道の設計を実施する事例の増加
・密になり傷んだ街路樹・公園樹の更新計画の策定
・ソメイヨシノから成長が遅く、大きくならない品種への樹種転換や成長の遅いハナミズキなどの採用

■これからの植栽管理について

　植栽設計者であるＲＬＡにとって、植栽管理計画の作成は植栽空間の良し悪しを決めるとても重要な仕事です。

　現在、植栽管理について確立した方法論はまだ少ないですが、「メンテナンス・イズ・アート」を目指した様々な取組が始まっています。以下に自然樹形の再生を目的とした管理計画書の図解の一部を例示します。

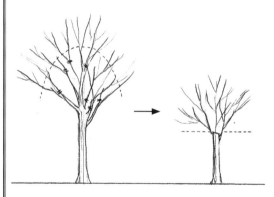

全体的に小さくし、かつ、主幹を切除し、萌芽更新させる

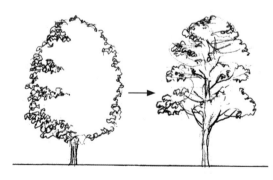

刈り込まれた中低木の枝を透かして自然樹形に戻す

詳細設計では、施設や植物などの材料選定に必要な知識、構造、取り合いを検討し適切な取り合わせと形状寸法で空間に納める能力、施工手順を踏まえて構造断面を提案する能力が求められます。

3-3-1　詳細設計とは

詳細設計とは、施設や植物の材料選定からはじまり、各々の材料特性や施工手順を踏まえて工法、構造、断面構成、取り合いなどを検討し、施設などの材質、寸法、仕上げなどを図として表現することです。詳細図では、施設などの具体的な構造や材料が示されることで施工を行うことが可能となります。

詳細図の作成では、立地状況に対応した材料や工法の選択、構造、断面構成を理解しておくことが必要です。斜面地に園路を設ける場合、地形を改変し石積みなどの土留めを設け、園路を舗装します。石積み

の設計では、斜面の安定のほか、人に圧迫感を与えない形状や高さの設定、自然と調和する材料の選定や工法を検討します。さらに、現況地形とのすりつけ方、舗装との取り合い、また、一つの空間の中に、複数の施設や植栽を組み合わせる時には、全体のバランスを考え、調和や統一を図りながら、構造の安定性や経済性にも配慮します。このように、詳細図は、快適性、安全性、環境保全、景観形成といった視点を踏まえて作成します。

1. 出題の傾向と対策

これまでは、「詳細図作成に関する基礎的な能力を問うもの」と「自然環境の保全・活用に関する詳細設計を問うもの」の大きく2つの視点から出題されています。いずれもランドスケープの基本的な考え方が求められており、土木や建築分野の知識のみでは解答が困難です。

断面図の作成は、毎年出題されていますが、2019年

度では、断面図と平面図を作成する問題、2008年には設計方針を記述する問題も出題されています。また、解答例として掲載した2018年の問題では水際の植生に配慮した自然環境、2019年の問題ではバリアフリーをテーマにしたものなど、明確なテーマが設定されています。試験前には、テーマが公表されるため、テーマにあわせた施設や植物の材料、工法の知識を習得しておくことが必要です。

3-3-1│表1　詳細図の近年の出題の概要

視点	出題年	設問テーマ	内容
詳細図作成に関する基礎的な能力を問うもの	2004年	既存木 (残地木) の保護対策	断面図の作成
	2006年	借景式の人工地盤上の庭園	〃
	2007年	現況特性を活かした開発地内街路	〃
	2009年	傾斜地にある既存散策路の補修と休憩場の整備	断面図・ベンチ立面図の作成
	2010年	戸建住宅のテラスおよび庭	断面図の作成、配慮事項記述
	2011年	港湾緑地内の散策路と屋外劇場の観客スペース	断面図の作成
	2012年	公園内車道に接する緩衝緑地帯の造成整備	〃
	2013年	団地内の造成斜面地に整備する階段	〃 (縦横2断面)
	2015年	高層ビル公開空地における広場と並木植栽の設計	断面図の作成
	2017年	親水空間がある都市内緑道の設計	断面図の作成
	2019年	視覚障がい者に配慮した公共施設入口への導入部と階段の設計	断面図・平面図の作成
自然環境の保全・活用に関する詳細設計を問うもの	2005年	荒廃した崖線低湿地と湧水の利活用	断面図の作成
	2008年	耕作放棄地の自然観察池への転換	断面図の作成、設計方針記述
	2014年	斜面樹林地に接する低湿地の散策路	断面図の作成
	2016年	里山環境に配慮した、園路と付帯施設設計	断面図の作成
	2018年	水際の植生に配慮した散策路の設計	断面図の作成

2. 設計におけるモジュールと基本寸法

詳細設計を行う際、レイアウトの基準のひとつになるのが人体動作のモジュールです。

モジュールとは、空間において人体をベースとして寸法を決めていく基準のことで、空間を構成する要素として用います。設計をする際には、人が不都合なく動作を行うために必要なスペースを寸法として落とし込んでいく必要があります。これが十分に確保されているかどうかで空間の機能性・快適性に影響を受けます。つまり、居心地のよい空間を創るためには、モジュールを意識して設計することが大切です。

また、基本の寸法となる乗用車や自転車の形状も空間を構成する要素となるため、理解が必要です。

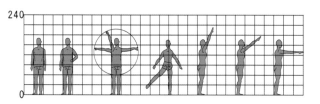

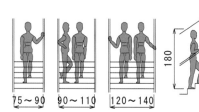

3-3-1｜図1　人体動作モジュール

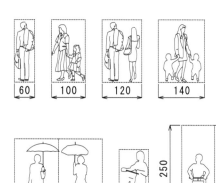

3-3-1｜図2　園路・遊歩道に関するモジュール

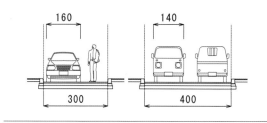

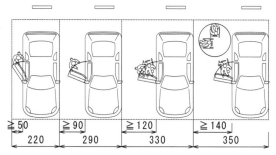

3-3-1｜図3　管理道、駐車場に関するモジュール（単位cm）

3. 基本的な材料と構造

材料の特性については、「ランドスケープアーキテクトになる本I」　2-2-1「施設材料」を参照してください。以下に各施設の構造例を示します。

❶舗装

舗装はアスファルト舗装やコンクリート舗装などの一般的な平滑系舗装、インターロッキングブロック舗装などのブロック系舗装、クレイ舗装などの土系舗装、ウッドデッキなどの木質系舗装など様々な種類に分類されます。

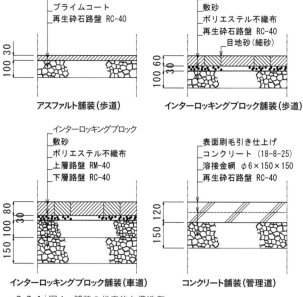

3-3-1｜図4　舗装の代表的な構造例

❷縁石

　縁石とは、歩行者の安全確保や車の誘導、土留め、植栽地の保護、舗装の見切りのために、車道と歩道との境や舗装と緑地との境、舗装と舗装との見切りなどに設けられる構造物です。

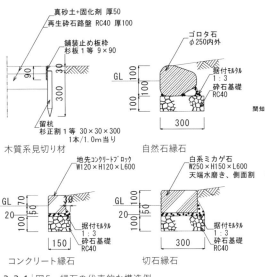

3-3-1│図5　縁石の代表的な構造例

❸側溝

　側溝とは、雨水排水のために地表面に設けられた排水施設のことで、道路などに敷設するL型側溝や歩車道境界ブロックを使用した側溝、駐車場や園路などに敷設する皿形側溝、敷地境界際や入口などに敷設されるU型側溝などがあります。他に、集水部がスリット状のスリット側溝や舗装の一部に溝を付けた化粧側溝などがあります。また、環境配慮の観点から暗渠排水を敷設し、表層を芝生にした芝側溝もあります。

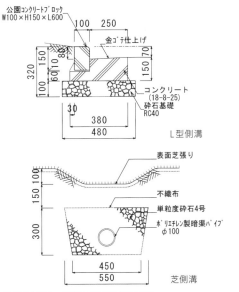

3-3-1│図6　側溝の代表的な構造例

❹擁壁・土留め

　擁壁は構造により分類され、自重で崩壊を抑止する高さの低い重力式、鉄筋などで補強し、底板を入れ抵抗力を強めた半重力式、比較的高い擁壁で土砂を止める控え壁や支え壁を設けた擁壁タイプなどに分けられます。いずれも堅固な材料で構成することが望まれます。低い擁壁・土留めには、石積みの採用が多く、積み方はコンクリートやモルタルを使う練り石積みと砂利などを用いる空石積みがあります。

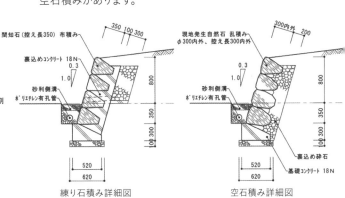

3-3-1│図7　擁壁・土留めの代表的な構造例

❺植栽

　植栽についてはランドスケープアーキテクトになる本I「2-1植栽」、本書の「3-2植栽設計」を参照してください。詳細設計では樹木と舗装や擁壁・土留めなどとの取り合いに注意が必要です。特に自然環境における構造物敷設の際には、既存の樹木への生育に影響がないよう根系の保護に配慮が必要です。一般的な目安として、枝張と同範囲以上の根系を確保するようにします。

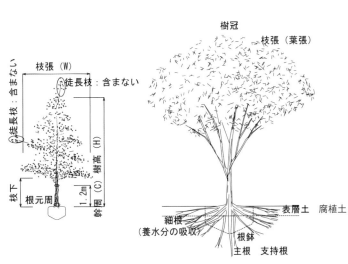

3-3-1│図8　樹木の基本的な形状

4. 割付とモジュラーコーディネーション

モジュラーコーディネーション（MC）とは、建築の設計や工事において、モジュール（基本寸法）に基づく部材や部品の構成・組み合わせでモノや空間を作るという概念で、その方法のことです。

割付とは、ある長さや広さ（面積）に対するモノの配置の仕方で、必ずしもMCに基づく訳ではありませんが、MCの手法で設計されたモノや空間は割付が隙間なく納まり、見た目にすっきりときれいに仕上がります。特に工業製品を扱う場合にはMCに基づいて製品の寸法や空間の大きさを調整することが設計の要点となります。

例えば園路の設計で、縁石と舗装と手摺という三つの要素の組み合わせという場合が考えられます。使用する部材をコンクリート縁石（150×150×600）、床用タイル（300×300×14）、ステンレスパイプ（支柱φ48.6）としたとき、モジュールは床タイルの300mmが基準寸法となります。

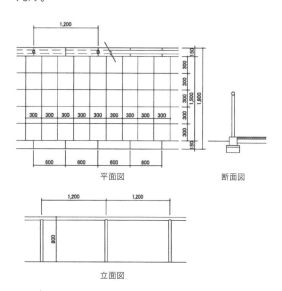

3-3-1｜図9　縁石・路面・手摺の割付例-1

目地の扱いが難しい点として、たとえば縁石間が1.5m幅の園路でタイル目地幅を5mmとしたとき300角タイル5枚と5mm目地6本では300×5＋5×6＝1,530となり、1,500よりも30mm長くなります。国産タイルの多くはこのことを考慮して「目地共寸法＝呼称サイズ」としています。300角タイルなら実寸法は295×295といった具合に、はじめから5mmの目地幅をみています。ただし、想定目地幅は製品によって異なり、輸入タイルや土木資材のコンクリート製品では呼称サイズ＝実寸法という場合が多いので注意が必要です。

次に、モジュールで割り切れない場合の割付の仕方として、例えば前例の園路幅が1,700の場合、1,700÷300＝5.66→300×5＋200＝1,700となりますが、タイルの割付としては以下の3案が考えられます。

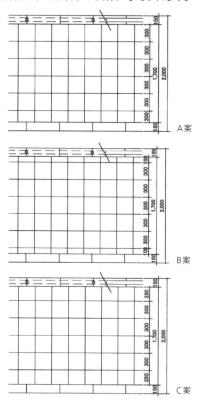

3-3-1｜図10　縁石・路面・手摺の割付例-2
（モジュールで割り切れない場合）

割付デザインの原則として、「左右対称」、「1/2以下の切り物はなるべく避ける」という観点からC案が最も適切な割付といえます。

上記は園路が直線でシンプルな条件での設計例ですが、実務ではカーブした園路もあれば、斜路もあり、排水施設との納まりなど、検討・調整が必要な要素が多くなります。それらを統合していく上でもMCの考え方を基本に設計を進めることが大切です。

この他にランドスケープでの割付例としては、平板舗装（コンクリート平板、擬石平板）、石貼舗装、インターロッキングブロック、間知石積み、レンガ積み、車止めポールやフェンス、ストリートファニチャー類、さらには並木や生垣の樹木、グランドカバーの面状植栽など様々です。

いずれにおいても構成要素の材料特性と寸法をベースに、その場や空間で求められる機能とスケールに対応したモノの配置と割付が設計の要点といえます。

5. 取り合いの納まり

「取り合い」とは異なる施設、材料や要素が出合うところのことです。たとえば石垣と園路、園路と縁石と手摺、斜面と護岸と水（池、川など）など、様々な組み合わせの「取り合い」があります。詳細設計はこれらの複合的要素を調整して、その状況に適した材料の選定と接合の仕方すなわち「納まり」を検討することが重要です。

以下に、ランドスケープの詳細設計で代表的（典型的）な取り合いの納まり例を紹介します。

❶自然環境におけるランドスケープ詳細設計例
【斜面樹林地と水辺の整備】

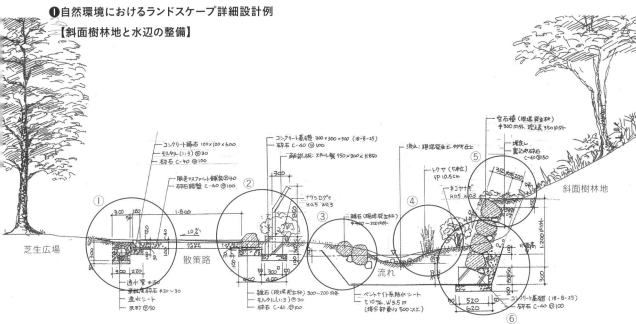

3-3-1 | 図11　斜面樹林地と水辺の整備における詳細図例

①芝生・雨水側溝・縁石・舗装
・雨水排水施設の設計が最も重要なポイントになります。
・U型側溝、L型側溝、皿型側溝の形状の違いによって納まりが変わってきます。図は自然環境と安全性に配慮した「浸透式透水管暗渠」になります。

②解説板
・人が路面に立ったり、車いすから解説板を見ることを考慮して適切な寸法とすることが設計の要点となります。

③水辺護岸
・水辺の土留めは丸太護岸、しがらみ護岸、石積み護岸などがあります。図は現場発生材の野面石（雑石）を利用した自然石護岸になります。
・防水シートの仕様の明記と防水端部を水面高さよりも100mm程度上げて納めるのが要点です。

④水辺の植栽
・水の深浅、有無によって水辺の植物は生活様式の違いから浮遊植物、沈水植物、浮葉植物、抽水植物に区分されます。また、土壌水分の高い立地に湿生植物群落や水辺林が形成されます。詳細設計では、各々の代表的な植物を2～3種類は知っておく必要があります。

⑤石積みと斜面樹林地
・石積み天端と斜面樹林地の間は洗掘されやすいので注意が必要です。
・コンクリートなどで固めるか、図のように地被植物で保護します。

⑥石積みの足元
・自然石積みには胴込・裏込コンクリートで固める「練積み」とコンクリートを用いずに砕石や栗石を裏込する「空積み」があります。
・図は野面石の空積みで、石積みの目地に植物や小動物が生育・生息できる環境をつくります。
・石積みの前面は1:0.3～0.5の勾配をつけ、基礎は沈下を避けるため、コンクリート基礎としています。

❷都市環境におけるランドスケープ詳細設計例

【公開空地の整備】

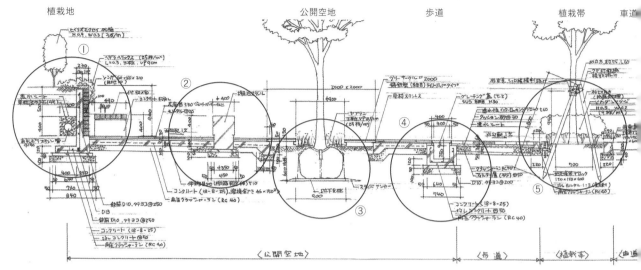

3-3-1 | 図12　公開空地の整備における詳細図例

①植栽地・コンクリート擁壁・ベンチ

・建物周囲の植栽地と広場の境界となるレンガ貼りコンクリート擁壁周辺の納まりになります。

・植栽地の排水は透水管の暗渠で処理して広場への雨水流出を抑えます。

・レンガ貼りコンクリート擁壁（H＝0.9m）とヒイラギモクセイ（H＝0.9m）の列植の2段構成で広場への圧迫感を抑え、建物側への視線を遮ります。

・レンガ貼りコンクリート擁壁を背景にしてベンチを配置しています。

・擁壁天端はつる植物の下垂で緑化しています。

・ベンチの座板は耐久性を考慮してハードウッド（イペ材）を使用しています。

②広場舗装とスツール

・広場の舗装は都市の外部空間にふさわしい花崗岩貼りで、濡れても滑りにくいジェットバーナー仕上げとしています。

・水勾配は1％（1/100）程度としています。

・緑陰樹の回りにスツールを配置しています。

・スツールは工業製品を想定した擬石仕上げとしています。

③高木植栽の足元廻り・ツリーサークル

・高木（カツラH＝5.0m）の支柱は景観を考慮して地下式支柱としています。

・地下式支柱には様々な種類がありますが、図はスライドアンカー式としています。

・植栽時の施工性と樹木の成長及びメンテナンスを考えて樹木周囲はツリーサークルで囲んでいます。

・ツリーサークル内（図ではφ900）は常緑の地被類を植栽しています。

④排水側溝グレーチング・歩道舗装

・広場と歩道の境界となるグレーチングは美観と歩行性を考慮して、ステンレス製の細目仕様としています。

・歩道の舗装は透水性インターロッキングブロックとして地下浸透に配慮しつつ排水性も考慮し、水勾配を設けています。

⑤植栽帯の納まり

・歩道側縁石は地先境界ブロック、車道側は歩車道境界ブロックで植栽帯を仕切っています。

・並木（シラカシH＝4.5m）の支柱は杉丸太三脚鳥居型支柱（二脚鳥居型でも可）としています。

・植栽帯は低木類を密植（図はドウダンツツジ9株/㎡）しています。

❸人工地盤上のランドスケープ詳細設計例

【屋上庭園の整備】

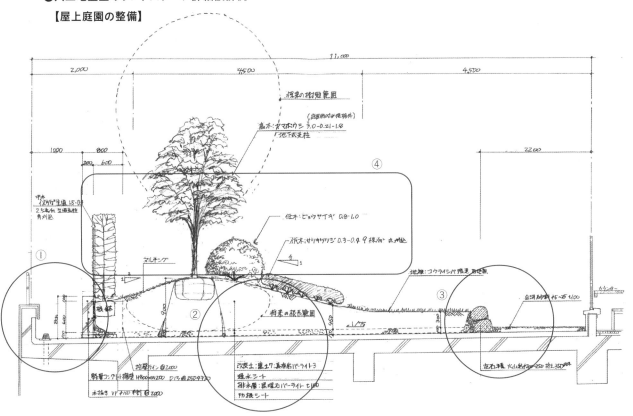

3-3-1│図13　屋上庭園の整備における詳細図例

①外周部の設計

・外周部はメンテナンス用のスペースを確保します。

・ルーフドレインは目視点検を可能とし、原則として植込み内には設置しません。

・土留め擁壁には排水用に水抜き穴を設けます。

・パラペットを土留めと兼用することは望ましくありません。兼用する場合は、防水保護シートなどを立ち上げ、土壌表面の高さを防水立ち上げ端部から15 cm以上下げます。

・屋上庭園の空間を視覚的に周囲の景観から独立させたり、防風のために塀や生垣を設けることも有効です。

②植栽基盤の設計

・屋上の植栽基盤は（上から）土壌、透水シート、排水層、耐根シートの構成が一般的です。

・土壌は自然土壌、改良土壌、人工土壌に分類されます。黒土や真砂土などの自然土壌にパーライトを混入したものが改良土壌であり、真珠岩パーライトは保水性、黒曜石パーライトは透水性が改良されます。また、いずれの場合でも比重は小さくなるため、荷重の軽量化として有効です。

・人工土壌には様々ありますが、ほとんどが比重1.0以下であるため、飛散や降雨時の冠水による浮き上がりが生じる可能性があります。

・土壌の必要な厚さは植栽樹木の種類と大きさによって異なるため配植計画に対応した細かな設計が望まれます。

・排水層は黒曜石パーライトを10 cm程度敷設します。土壌が排水層に混入するのを防ぐため、透水シートで両方を仕切ります。

・最下層は耐根シートを敷設します。屋上防水層の上に押えコンクリートなどの保護層がない場合は必ず耐根シートを入れます。

・押えコンクリートがある場合でも、伸縮目地部分から根が侵入する可能性があるため、耐根シートの敷設は状況を踏まえて検討する必要があります。

・工業製品で透水シートと排水層と耐根シートを組み合わせたものもあるため、合わせて検討します。

③土留めの設計

・植栽地の土壌を保持する土留めは、RC造、コンクリー

トブロック積み、プレキャストコンクリート、レンガ積み、石積み、枕木など様々な種類があります。

④植栽の設計

- ・高木類は将来の成長を見込んで樹種を選定することが重要であり、大径木になるような樹種は避けます。
- ・生垣類は視線・視界のコントロールや防風機能を考慮して樹種の選定と配植、刈込高さなどを検討します。
- ・地被類は土壌の乾燥や飛散を防止する上で重要であり、面的に植栽することが望ましいです。
- ・つる植物などで植栽地の境界を乗り越えて伸長するものは定期的な刈込メンテナンスが必要となるため、植栽管理に考慮する必要があります。
- ・屋上は地上に比べて土壌の深さも限られ、乾燥や風などの環境圧の大きい場所であるため、このような環境圧に耐えられる樹種を選定することが前提であり、灌水、剪定、病害虫防除、落葉処理など、植栽後の管理を適切に実施することが大切です。

⑤その他

- ・屋上の積載荷重は建築構造設計に基づく設計荷重以下にする必要があります。
- ・積載荷重は土壌のほか、排水材やその他の敷設資材類、土留め、景石、砂利敷き、植物材料などが対象となります。土壌は降雨・灌水後の湿潤状態を前提として、植物については成長後の重量が対象となります。
- ・風による倒木を防ぎ植栽樹木の活着を確かなものにするため、支柱を用いて樹木を固定する必要があります。

- ・人工土壌では支柱を固定する地盤そのものが不安定であるため、様々な工夫が求められます。溶接金網を土壌中に敷設しておき、これに鳥居型支柱や地下式支柱を固定して一体化させ、安定させるというのも一つの方法です。
- ・灌水設備はホースなどによる手撒き方式と、スプリンクラーや点滴パイプをコントローラーで制御する自動灌水方式があります。
- ・地被類が育ちにくい高木の根元や植栽初期の土壌表面の乾燥を防止するため、ウッドチップやバークチップなどのマルチング材を敷設することがあります。

❹住宅団地のランドスケープ詳細設計例

【石積み擁壁と階段の整備】

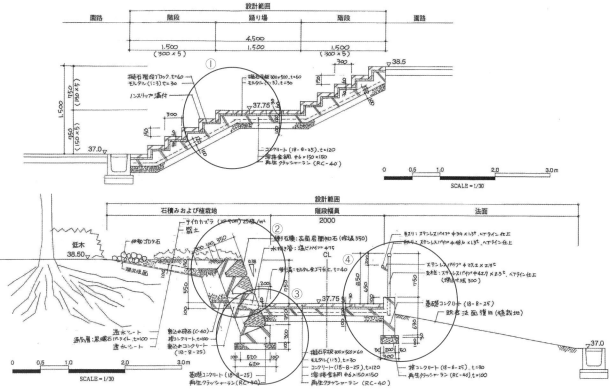

3-3-1｜図14　石積み擁壁と階段の整備における詳細図例

①擬石階段ブロック

・擬石階段ブロックは製造メーカーによって様々な形状のものがありますが、多くはL型断面で踏み面と蹴込みが一体になったもので、厚さは60mm程度です。

・段鼻のスリップ防止処理も一体整形の溝付き加工が施されています。

・踊場部分は同じ仕上げの擬石平板を使用します。

・コンクリート構造の階段躯体にモルタルで据え付けます。

②間知石積みと植栽地

・裏込めコンクリートと裏込め砕石を設置します。

・石材の控え長を350mmとし、石積みの勾配や石材の仕様を設定します。

・練石積みの場合は水抜き管を設けます。

・天端押えはコンクリート仕上げで固めて植栽地の土壌流失を抑えます。

・石積み天端際は客土層が薄いため地被類を植栽します。

③石積みの足元廻り

・コンクリート基礎を設けます。

・基礎の形状寸法と根入れ深さを検討します。

・石積みと階段との取り合いと水抜き管の排水処理のため側溝を設けます。

・側溝は現場施工において取り合い調整がしやすいモルタル金ゴテ仕上げとします。

④階段と手摺

・図のような形状の階段の側面の基礎をここでは「側基礎」と呼びます。

・側基礎は踏み外しや雨水の法面側への流出を防止する目的で踏み面よりも100mm程度立ち上げます。

・手摺を固定する基礎も兼ねた寸法と形状とします。

・手摺の素材は強度と美観とメンテナンスを考慮してステンレスとします。

・手摺の高さは床面から750mm～850mmを標準寸法とします。

・手摺は子どもや高齢者の利用を考慮して650mmと850mmの2段式とします。

❺階段設計

階段設計に関わる数値的要素として、階段幅、階段高さ、段数、踏み面寸法、蹴上げ寸法、蹴込み寸法があります。また構成要素として踏み面・蹴込み・段鼻（ノンスリップ）の材料があります。その他に取り合いの要素として側壁、手摺、ササラ、排水溝など、実に多くの要素が関わっています。それらに加えて、人体動作寸法や障がい者などに対する配慮が重要です。また、玄関の入口廻りなどでは空間演出が求められます。

以上のことを念頭においた上で、ここでは最も基本的な階段の踏み面寸法と蹴上げ寸法の設計について解説します。

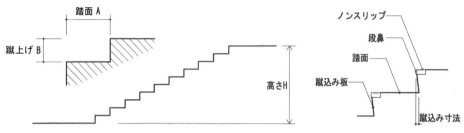

3-3-1│図15　階段各部の寸法と名称

A＝踏面寸法、B＝蹴上げ寸法としたとき、使いやすい階段のAとBの寸法は、A＋2B≒600（mm）という関係式が経験的に成立するとされています。

この数式に当てはめると、A＝300mmのときB＝150mm、A＝360mmのときB＝120mmとなります。

公園や歩道橋、住宅団地の外構などで利用する階段ではA＝300mm、B＝150mmを一つの目安として基準寸法とします。公共施設の入口廻りなどでH寸法が1.0〜1.5m（目線の高さ以下）程度の階段ではA＝350〜400mm、B＝125〜100mmの緩い勾配にします。

なお、建築基準法では建物の用途・規模によって階段の寸法や踊場の設置が決められています。

都市公園では「都市公園の移動等円滑化整備ガイドライン」において階段やスロープの寸法や手摺などの設置基準が設けられています。

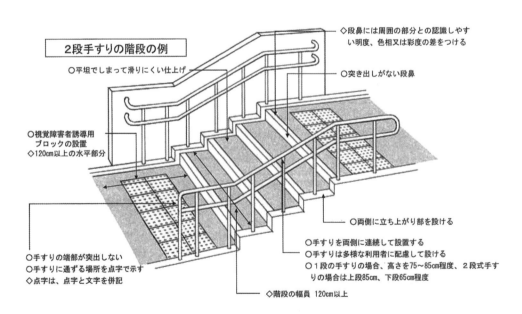

3-3-1│図16　バリアフリーに配慮した階段の設置基準（「都市公園の移動等円滑化整備ガイドライン」より転載）

6. 詳細図の施工承認

　実施設計は、各工種の詳細図を作成し、数量計算、概算工事費の算出などの積算を取りまとめると完了します。実施設計後、設計内容を詳細につめて、より良い物を造るために工事監理（設計監理）業務が行われます。そこでは施工者が作成した施工図や製作図のチェックを行い施工承認します。この場合、詳細な指示を行うための施工詳細検討が必要であり、その一例を示します。

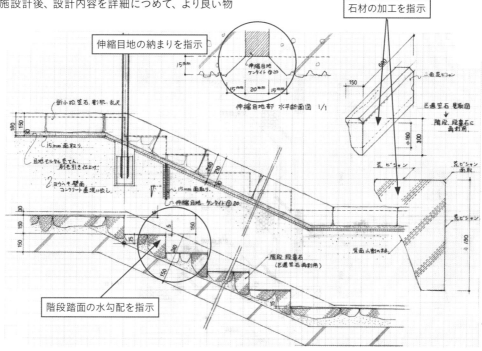

3-3-1 │ 図17　階段工の施工詳細検討図

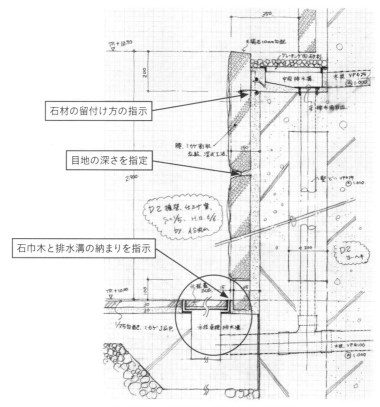

3-3-1 │ 図18　擁壁石張り工の施工詳細検討図

7. 詳細図の作図方法

問題の解答と詳細図の作図にあたり、以下のフローのように作業を進めていきます。

敷地条件の読み取りでは設計対象地などの現況の把握を行います。次に設計条件の読み取りとして、仕様、構造などの求められる要素について把握します。以上がフロー図に示す「問題把握」になります。

設計条件の整理では、作成する断面図の位置、寸法、仕上げについて図に落とし込みを行います。次に、設計条件をもとに断面図の下書きとして、基本寸法、構造物の概略形状を書き加え、寸法割り、高低差の納まりを記入していきます。以上が「設計検討」になります。

最後の詳細図の清書では、断面記号（ハッチ）、引き出し文字を記入して完成させていきます。

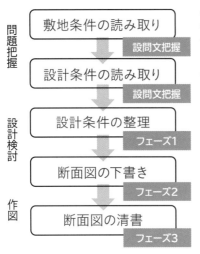

3-3-1 | 図19 詳細図作成のフロー図

フェーズ-1：あたり線を入れる

平面図より基準となる基本寸法
構造物の概略形状を入れます。寸法
を押さえ設計対象範囲への納まりを
チェックします。

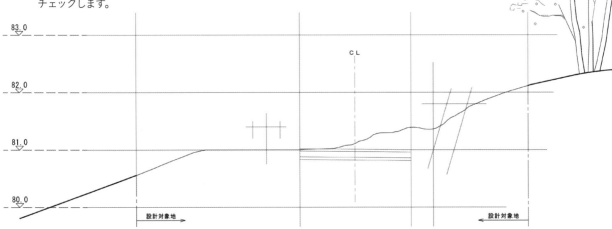

3-3-1 | 図20 設計条件の整理例

SCALE=1／30

フェーズ-2:断面外形線を描く

構造物の概略形状を描き、寸法を
記入します。

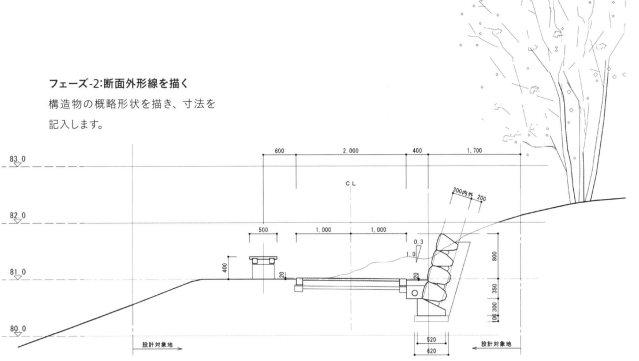

3-3-1│図21　断面図の下書き例

フェーズ-3:完成

断面記号（ハッチ）、引き出し文字、
植物の表現などの仕上げを行い完
成させます。ハッチの線は薄くしま
す。

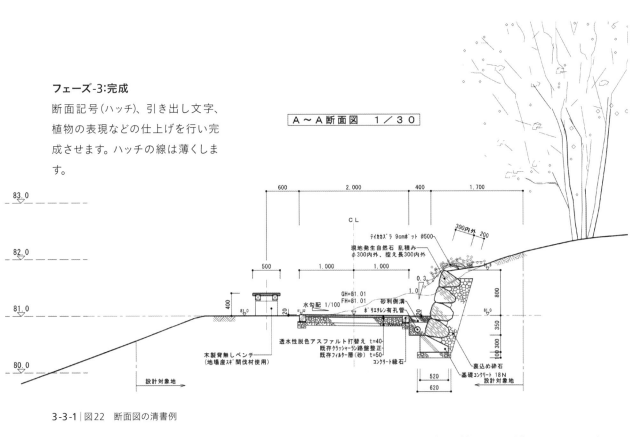

3-3-1│図22　断面図の清書例

　2018年の問題では、出題テーマである「水辺の植生に配慮した散策路の設計」に基づき、水辺の植生の再生と、来園者や地域住民が自然に親しむ散策路の設計能力が問われています。設計対象範囲の周辺には既存樹林や既存湿生植物群落があり、これらの自然環境への影響を考慮した散策路の設計能力が問われています。

　特に設計条件である石積みや園路、板柵などの施設や郷土種などの植栽植物の知識が問われており、淡水池の水位変動などを考慮した施設配置と植栽配置が求められます。問題文に示されている設計条件などと作成する断面図の整合性を確認しながら解答図を作成することが重要です。

1. 問題文の読み取りポイント

❶課題

　計画対象地一帯は既存樹林から淡水池に向かって地形が緩やかに傾斜し、水辺には低茎草本と湿性植物・抽水植物が繁茂している。しかし、設計対象箇所では、水辺の植生が失われており、その再生が求められている。

　こうした状況を踏まえ、来園者や地域住民が<u>自然に親しむ散策路</u>と<u>水辺の植栽地</u>を設計するものである。
> ─── 平面図で設計対象地と周辺の状況を把握する

　図に示す既存樹林の林縁から淡水池に至るA-A'の断面詳細図を、解答用紙に図示しなさい。

1　既存樹林の林縁に設置する<u>石積みの断面図</u>を図示しなさい。
> ─── 石積みの断面図を記入する

2　<u>散策路(園路及び草地)</u>の断面図を図示しなさい。
> ─── 散策路の断面図を記入する

3　<u>水辺の植栽地(湿性・抽水植物の植栽基盤)</u>の断面を図示しなさい。
> ─── 植栽基盤を含む植栽断面図を記入する

❷敷地および環境条件

□ 既存樹林や周辺草地及び水辺の植生は、<u>自然繁殖による郷土種</u>で構成されている。
> ─── 現況の自然環境を把握する

□ <u>陸上部は雨水を十分に浸透する土壌</u>となっている。
> ─── 園路や草地、石積みの計画地は排水性が良いことを把握する

□ 計画対象地の一部に、湖に注ぎ込む沢があり、沢底には湿性植物が群生する湿性園となっている。

□ <u>淡水池の水位はW.L=12.90で安定している</u>が、増水時はH.W.L=13.10まで上昇し、渇水時にはL.W.L=12.60まで下降する。
> ─── 池の水位を断面図で確認する

❸設計条件

〈林縁の石積み〉
> ─── 石積みの工法、石の種類・形状が指定されていることを確認する

□ <u>石積みは空石積みの多孔質な構造とし、野面石(φ200〜500)を用いること。</u>

□ 空石積みの空隙に生育できる植物を図示し、<u>1種類について植物名</u>を図上に表記すること。
> ─── 植物名の記載が必要である事を確認する

〈園路および草地〉

□ 園路の両側に草地を設ける。

□ 園路の幅員は、舗装止めを含めて2.0mとする。 ─────────── 幅員2mの歩行者専用の透水性舗装の条件に合う舗装を決める。
例) 土系舗装、透水性アスファルト舗装など舗装に合った舗装止めを選ぶ

□ 園路高は、淡水池の水位(H.W.L=13.10)を考慮して設定すること。 ───────── 園路高を高水位より高くする

□ 園路は透水性舗装とし、歩行者専用とする。

□ 園路の表面排水は山側に流すものとし、山側の草地は集水と植栽に適する断面形状とすること。 ─────── 山側(樹林側)に排水勾配をとる

□ 園路の両側には、草地と池側への進入を防ぐためのロープ柵を設けること。 ─────── 植物名を記載する

□ 散策路の修景としてふさわしい草本類を図示し、1種類について植物名を図上に表記すること。

〈水辺の植栽地(湿性・抽水植物の植栽基盤)〉 ─────── H.W.Lより高い位置に板柵を設ける。※H.W.Lの断面位置は図示されている

□ 散策路と水辺の植栽地の境界部には板柵を設け、園路とその周囲が高水位(H.W.L)による影響を受けないようにすること。

□ 湿性植物と抽水植物は、それぞれの植物が適正に生育できるように植栽基盤の高さを設定し、その高低差は板柵により処理すること。各植栽基盤の幅員は1.5m程度とする。 ─────── 生育環境に合った地盤高を設定し、板柵で仕切る

❹解答における留意事項 ─────── 路盤厚は一般的な断面形状とする

□ 舗装構造の決定において、凍結深度は考慮しない。

□ 池の底は十分な厚さの不透水層があるものとする。 ─────── 水辺の植栽基盤の土壌水分は確保されているため、防水シートなどは設けない

□ 全体の構成がわかる寸法、仕上げ高さ、勾配等を明記すること。 ─────── 不足なく必要な箇所に明記する

□ 引き出し線を用いて、概算工事費の算出に必要な規格及び材料名称などを明記すること。 ─────── 概算工事費が算出できる記述とする

□ 植栽設計に使用する地域植物(郷土種)は、解答者がイメージする地域の植物で良い。 ─────── 植物名を記載する

❺計画平面図

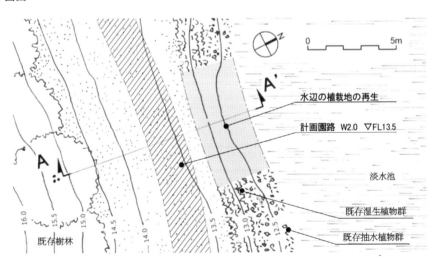

0　　　5m

水辺の植栽地の再生

計画園路　W2.0　▽FL13.5

淡水池

既存湿生植物群

既存抽水植物群

既存樹林

16.0　15.5　15.0　14.5　14.0　13.5　13.0

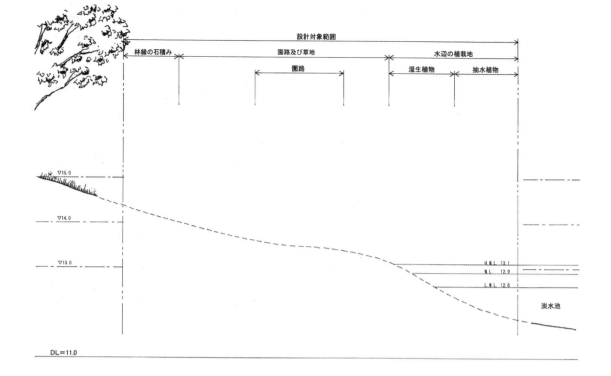

2. 計画のポイントと解答プロセス

❶断面図の下書き

解答用紙には下書き用紙が添付されているため、レイアウトなども含めアウトラインをおおよそ把握し、全体の構成を断面図の下書きにまとめます。

はじめに、基準となる線を断面図に記入します。基準となる線は、園路の外形線、板柵の位置などの構造物の水平方向の位置と園路の仕上がり高さなどをもとに設定します。

また、石積みの前面の勾配を設定し、構造物の配置を設定します。

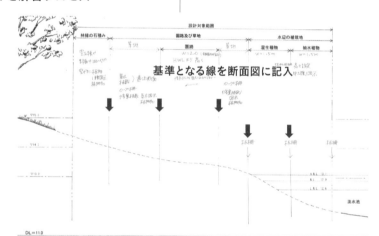

3-3-2│図1　基準となる線の記入例

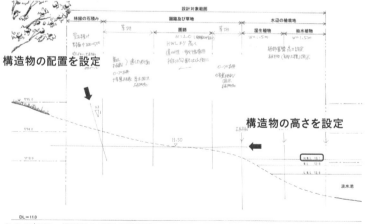

3-3-2│図2　構造物の配置の設定例

次に湿生植物と抽水植物の植栽基盤の高さを設定します。

湿生植物は、地下水位が高く、停滞水に覆われたり、一時的に冠水したりする湿潤環境に生育するため、常に水に浸かっている必要はありません。そのため植栽基盤はW.L以上に設定しても問題ありません。

抽水植物は、根が水底にあって茎や葉が水面から上に伸びている植物です。常に水に浸かる状態を維持する必要があるため、植栽基盤はL.W.Lより低く設定します。

断面図の下書きの最後に、各部の概略形状、寸法、仕様を検討し、書き込みます。

書き込む内容は石積み、舗装断面、ロープ柵、草地の集水断面、板柵、植栽などの寸法を押さえ、設計対象範囲の納まりを確認します。

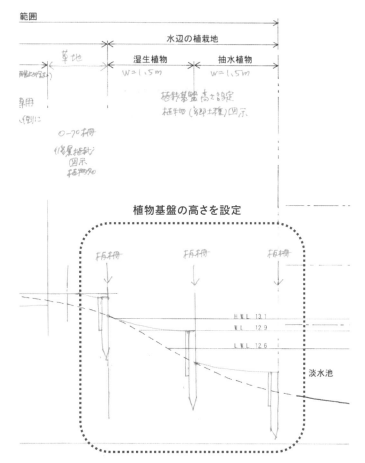

3-3-2│図3　高さの設定例

各部の概略形状、寸法、仕様を検討

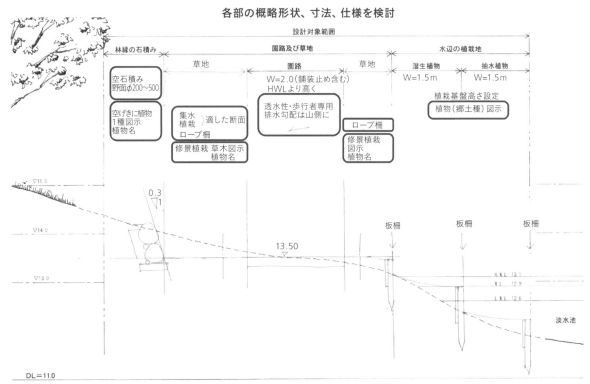

3-3-2│図4　概略形状などの検討例

❷断面図の清書

　下書き用紙にまとめたアウトラインに沿って、解答用紙に詳細図を作成します。見やすく、簡潔に解答に必要な内容が表現されていることが求められます。

　清書は基準となる施設の位置を決定した上で、仕上がり線から記入し、断面形状を記入します。

❸留意事項

　設問の条件などに沿った明確な解答が求められます。見やすい図面、はっきりと読み取れる文字、適切なハッチングによる記述とします。

　詳細図の作成にあたっては材料の知識を増やしておくことが重要となります。また、解答にあたっては基準となる線を間違えないことなどに留意します。

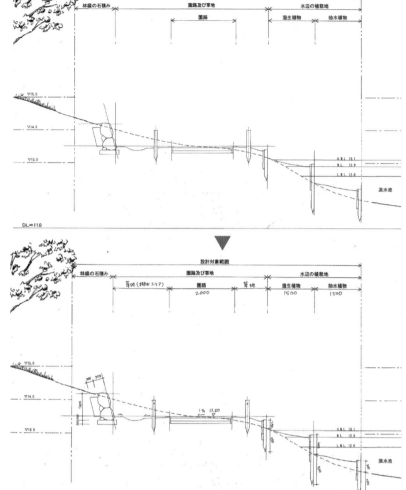

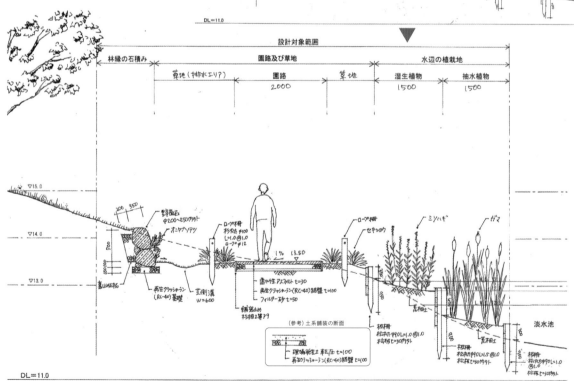

3-3-2｜図5　断面図の清書の流れ

2019年問題と解答例

2019年の問題では、出題テーマである「視覚障がい者に配慮した公共施設入口への導入部と階段の設計」に基づき、コンクリート階段、視覚障がい者誘導用ブロック、コンクリート歩道の平面図と断面図の設計が求められています。各施設の適切な断面構成や、平面図と断面図の両視点から施設間を一連で納める設計能力が問われています。

....

1. 問題文の読み取りポイント

❶課題

設計対象地はコンサートホールを備えた大規模公共施設の入口部である。隣接する歩道から建物の入口に至る導入部を整備することとなった。建物全体ではバリアフリーが徹底され、当該入口部についても、特に視覚障がい者への対応が求められている。

こうした状況を踏まえ、右図に示す設計箇所の平面図及び断面図を作成しなさい。

— 対象地が歩道からの導入部と階段の設計であることを把握する

— 視覚障がい者の利用に配慮する

— 平面図と断面図を作成することを把握する

❷敷地条件

□ 隣接街路の歩道はインターロッキング舗装で建物脇の入口テラスはコンクリート舗装であり、どちらも歩行者対応の断面構成である。

□ 入口テラス（高さ54.59）と歩道（高さ54.02）とでは57cmの高低差があり、階段にて対応する。

□ 階段両側の袖壁には、それぞれ手摺が設けられている。

□ 設計箇所内の雨水は、隣接する歩道に流出しないよう、歩道際に横断側溝が設けてある。

— 歩行者対応の断面構成であり、車の荷重は考えない

— 高低差57cmを水勾配と階段で段差処理する

— 階段袖壁、手摺、横断側溝が解答用紙に図示されていることを確認する

— 水勾配についての記述はないが、基本的な事項として横断側溝に向けて水勾配をとる

❸設計条件

<平面図>

□ 以下の内容を図示すること。
　コンクリート階段、視覚障がい者誘導ブロック（点状と線状）、コンクリート舗装。

<断面図>

□ 以下の内容を図示すること。
　コンクリート階段、視覚障がい者誘導ブロック、コンクリート舗装。

— 平面図と断面図に詳細図のベース図が示されている

— コンクリート階段とはコンクリート構造の階段であり、表面仕上げはコンクリートでなくても良い

— 誘導ブロックは点状と線状の2種類が凡例に図示されている

— コンクリート舗装は表面がコンクリート仕上げのものとする

❹解答における留意事項

□ 舗装構造の決定において、凍結深度は考慮しない。

□ 全体の構成がわかる寸法、仕上げ高さ、勾配等を明記すること。

□ 引き出し線を用いて、概算工事費の算出に必要な規格及び材料名称などを明記すること。

— 「凍結深度は考慮しない」は問題上の設定である。（寒冷地では凍結深度よりも基礎を深くする）

— 主要寸法、高さ、水勾配を明記する

— 仕様、規格、材料名などを明記する

❺敷地周辺図

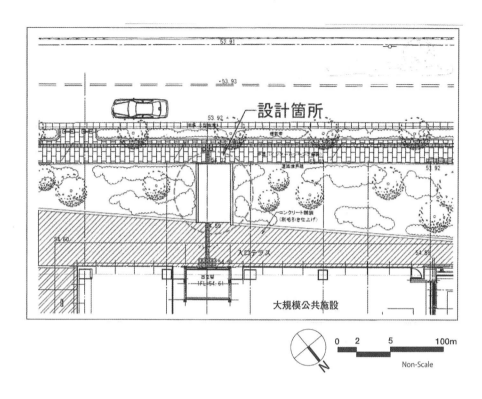

設計箇所

入口テラス

コンクリート舗装
(刷毛引き仕上げ)

大規模公共施設

0 2   5   100m

Non-Scale

断面図

入口テラス 54.59

境界

横断側溝 U-240
グレーチング蓋 細目
(ノンスリップ仕様)

地先境界ブロック
100*100*600

54.02

歩道舗装

モルタル 1:3
320
再生クラッシャーラン基礎
RC-40

モルタル 1:3
再生クラッシャーラン基礎 RC-40

平面図

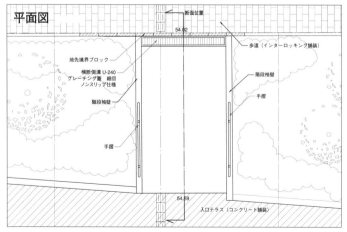

断面位置
54.02

歩道 (インターロッキング舗装)

地先境界ブロック

横断側溝 U-240
グレーチング蓋 細目
ノンスリップ仕様

階段袖壁

手摺

階段袖壁

手摺

手摺

54.59
入口テラス (コンクリート舗装)

※ 視覚障がい者用誘導ブロック 凡例

300

点状：警告用ブロック

線状：誘導用ブロック

2. 計画のポイントと解答プロセス

出題テーマは「視覚障がい者に配慮した公共施設入口への導入部と階段の設計」です。階段の設計の出題は2013年の「団地内の造成斜面地に整備する階段」がありますが、2019年は視覚障がい者への配慮がテーマとなり、具体的なバリアフリーの基準に沿った設計案を求めるのは今回が初めてです。

一般的な階段の設計に加えて視覚障がい者誘導用ブロックに関する知識が求められます。本書においてはP104の「階段設計」と「都市公園の移動等円滑化整備ガイドライン」に示された「2段手すりの階段の例」が参考資料となります。

❶全体の構成

設計対象範囲は幅員約2.8m、延長約4.6mであり、この範囲に階段とコンクリート舗装と誘導ブロックを配置することになります。階段の位置は、平面図に手摺の記入があることから、位置が確定します。入口テラス側から順に、点状ブロック→階段→点状ブロック→線状ブロック→点状ブロック→横断側溝・歩道という並び方が適切な設計といえます。

❷階段について

与条件としては、階段幅が2,800mm、入口テラスと歩道の高低差が54,590mm−54,020mm＝570mmとなります。

階段寸法は、踏み面300mm、蹴上げ150mmを基準として、これよりも緩勾配とします。段数は570mm÷150mm＝3.8であることから4段とします。A（踏み面寸法）は300〜350mmとしたとき、階段長さ4Aとなり、1,200〜1,400mmとなります。

入口テラスと4段目の間に点状ブロックを2列入れると、1段目の先端までの寸法（L1）は約600mm＋（1,200〜1,400mm）であり、1,800〜2,000mmとなります。1段目先端から横断側溝までの寸法（L2）は4,600mm−1,800〜2,000mm）であり、2,800〜2,600mmとなります。

L2間の水勾配を1%（1/100）とすると、歩道〜階段までの高低差は28〜26mm＝約30mmとなります。階段高さ570mm−30mm＝540mmとなり、B（蹴上げ寸法）は540mm÷4＝135mmとなります。

使いやすい階段の寸法であるA（踏み面寸法）＋2B（蹴上げ寸法）＝600mmから逆算すると、A＝600mm−270mm＝330mmとなります。

❸階段の詳細設計

階段の仕上げは、1回のコンクリート打設による仕上げが難しく、コンクリートを打った後に、モルタル塗りやタイル貼りで仕上げます。段鼻のノンスリップタイルなどもコンクリート打設後に施工します。ここでは踏面、蹴込みともモルタル金ゴテ仕上げ、段鼻ノンスリップタイル貼りとしています。

コンクリートの躯体は、設計条件がコンクリート階段となっているため、現場打ちのコンクリート構造となります。

階段下に空間がない、いわゆる土間コン仕様の階段で、車が載ることもないため、鉄筋は不要になりますが、躯体の亀裂防止のため溶接金網を敷設します。コンクリートの有効厚さは120〜150mm程度になります。

コンクリート（18-8-25）の表記はコンクリートの配合を表わし、18は

コンクリートの呼び強度（N/mm²）、8はスランプ値（コンクリートの柔らかさ）、25は骨材の最大寸法を表します。モルタル（1:3）はセメント1:砂3の配合容積比を表します。

❹路盤・基礎について

コンクリート構造体（土間コンクリート）と地盤の間には再生クラッシャーランを厚さ100mm程度敷き込み転圧し、路盤とします。均しコンクリートの有無は施工上の問題で、正確な墨出しが必要な場合や、配筋や型枠などを施工する都合であった方がよい場合に40〜50mm程度設けます。

❺誘導ブロックについて

「視覚障がい者誘導用ブロック」は視覚障がい者が足裏や白杖で認識できるように突起を表面に付けたブロック（プレート）のことで、誘導ブロックと警告ブロックの2種類があります。視覚障がい者を安全に誘導する目的で、歩道面や床面に敷設します。

誘導ブロックは進行方向を示すブロックで、線が並んだ形状をしているため、「線状ブロック」と言います。警告ブロックは危険箇所や施設などの位置を示すブロックで、点が並んだ形状をしているので「点状ブロック」と言います。

ブロックの大きさ（平面寸法）は30cm×30cmと40cm×40cm（いずれも目地込み）があり、素材によって厚さは異なります。線状ブロックは歩行方向に線の向きを合わせて1列で設置します。点状ブロックは進行方向または注意を喚起する方向に直行する向きに2列で設置するのが原則です。

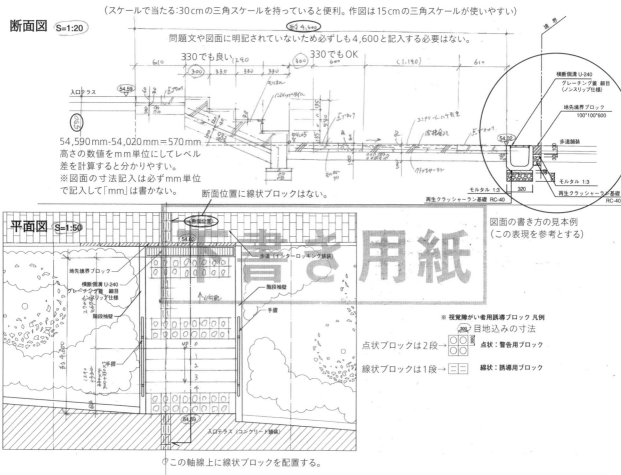

断面図 S=1:20

（スケールで当たる：30cmの三角スケールを持っていると便利。作図は15cmの三角スケールが使いやすい）

問題文や図面に明記されていないため必ずしも4,600と記入する必要はない。

330でも良い　　330でもOK

54,590mm-54,020mm＝570mm
高さの数値をmm単位にしてレベル
差を計算すると分かりやすい。
※図面の寸法記入は必ずmm単位
で記入して「mm」は書かない。

断面位置に線状ブロックはない。

図面の書き方の見本例
（この表現を参考とする）

平面図 S=1:50

※ 視覚障がい者用誘導ブロック 凡例

点状ブロックは2段→　　点状：警告用ブロック

線状ブロックは1段→　　線状：誘導用ブロック

この軸線上に線状ブロックを配置する。

3-3-3｜図1　解答案の作図プロセス

❻設計プロセス

①施設配置

　階段の手摺が入口テラス側にあるため、断面図の左から点状ブロック→階段→点状ブロック→線状ブロック→点状ブロック→横断側溝の順に並びます。

②階段の概略設計

　階段の段数は、蹴上げ寸法を150mm以下とすると、570mm÷150mm＝3.8となり、4段（4段目＝テラス入口高さ）となります。

　次にA（踏み面寸法）とB（蹴上げ寸法）の検討を行い、B（蹴上げ寸法）＝570mm÷4≒140mmとし、使いやすい階段の寸法を考慮してA（踏み面寸法）＋2B（蹴上げ寸法）＝600mmを前提とします。以上からA（踏み面寸法）＝600mm－2×140mm＝320mmとなります。

③割付設計

　各部分の所要寸法は以下となります。
（イ）点状ブロック300mm×2列＝600mm

（ロ）階段 320mm×4段＝1,280mm
（ハ）スペース300mm＋点状ブロック300mm×2列＝900mm
（ニ）線状ブロック 300mm×N枚＝〈？〉
（ホ）点状ブロック 300mm×2列＝600mm
　（イ）～（ホ）の合計寸法は4,600mm（階段端部から横断側溝の手前まで図上計測）となります。また、
（イ）＋（ロ）＋（ハ）＋（ホ）＝3,380mmになることから、
（ニ）＝4,600mm－3,380mm＝

1,220mmとなります。以上から線状ブロックの個数のNは4となります。

余った20mm分は10mmずつ入口テラス側と側溝側に振り分けます。

④確認、調整、最終決定

階段の蹴上げ寸法（B）＝140mmとすると、導入部の水勾配のレベル差は570mm－140mm×4＝10mmとなります。

階段下の水平距離（ハ）＋（ニ）＋（ホ）＝900mm＋1,220mm＋600mm＝2,720mmであり、この場合の水勾配は10÷2,720mm≒0.3％（1/270）となり、水勾配がとれないこととなります。そのためB（蹴上げ）を135mmに修正し、使いやすい階段の寸法を考慮してA（踏み面寸法）＝600mm－2×135mm＝330mmとします。

以上より、階段の高低差570mm－（135×4）＝30mmとなり、30mm÷（（ハ＋10）＋（ニ）＋（ホ＋10）＝910mm＋1,190mm＋610mm＝2,710mm）≒1.1％（1/90）の勾配となります。

以上から水勾配を確保することができ、詳細図の寸法が納まることとなります。

断面図　S=1:20

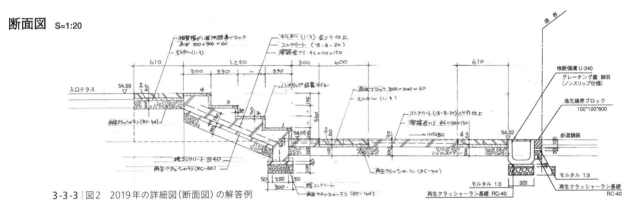

3-3-3｜図2　2019年の詳細図（断面図）の解答例

平面図　S=1:50

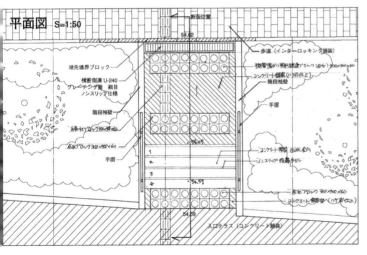

3-3-3｜図3　2019年の詳細図（平面図）の解答例

世界はランドスケープアーキテクトを
求めている

　世界はまさにランドスケープアーキテクトを求めています。変動する気候、貧弱化する生態系、失われゆく持続的環境、これらの問題は今世界中で散見されるようになり、グローバルな環境危機は、学術上の問題ではなく、目の前に迫る命の危機として、すべての人々が肌で感じる問題となりました。ランドスケープとは何かという問いを立てるとき、私はいつも、人間の営為と自然の仕組みが衝突するときに生じる矛盾、それを文化に高めるものだと説明します。ランドスケープアーキテクトは、環境創造の技術者であるだけでなく、問題の根幹を見つめ、その矛盾を希望へと昇華する思想家でもあるのです。

　まず技術者としての基本は、RLAの試験に凝縮されています。過去問を集めれば、一つの大きな知の体系が現れます。これらの問題は単なるノウハウ集ではありません。どの設問も、常に実務を通してデザインに立ち向かっている一級のランドスケープアーキテクトがつくり出した設問であることをご存知でしょうか。その背後には、積み重ねられたデザインへの問いかけが隠されているのです。プロになればなるほど、設問を練った設計者が、現実問題にどのように立ち向かっているのかが垣間見えてくるようです。

　われわれは余りにも長く、無頓着に、コンクリートと鉄で世界をつくり続けてきました。樹と土と水が生活環境を支える基盤であることを目に見える形とし、デザインに昇華する、そのような世界像をイメージできるみなさんが、大いに奮ってRLA試験に臨み、RLA－登録ランドスケープアーキテクト－としてデザイン思想を育んでくれることを期待しています。

東京大学教授

三谷　徹

執筆者一覧

一般社団法人ランドスケープアーキテクト連盟　RLAになる本改訂編集特別委員会　（五十音順、敬称略）

General Incorporated Association Japan Landscape Architects Union
"Book to become a RLA" Revised Editing Special Committee

委員長	八色宏昌	（景域計画株式会社）	Hiromasa Yairo
副委員長	手塚一雅	（株式会社ＣＥＳ.緑研究所）	Kazumasa Tezuka
	丸山英幸	（株式会社愛植物設計事務所）	Hideyuki Maruyama
委　員	相原健一郎	（日本造園設計株式会社）	Kenichiro Aihara
	石川典貴	（株式会社小石川建築ノ小石川土木）	Noritaka Ishikawa
	板垣範彦	（いきものランドスケープ）	Norihiko Itagaki
	浦野哲也	（株式会社カルノランドスケープデザイン）	Tetsuya Urano
	大橋幸雄	（合同会社スタジオモンス）	Yukio Ohashi
	狩谷達之	（一般社団法人ランドスケープコンサルタンツ協会）	Tatsuyuki Kariya
	川崎鉄平	（株式会社石勝エクステリア）	Teppei Kawasaki
	小林捨象	（捨象設計ランドスケープ）	Stezo Kobayashi
	四戸香織	（ワーク・ジオ）	Kaori Shinoe
	杉本　亨	（株式会社空間創研）	Tohru Sugimoto
	高橋　彩	（株式会社グラック）	Aya Takahashi
	津田主税	（株式会社エス・イー・エヌ環境計画室）	Chikara Tsuda
	新妻　仁	（株式会社アトリエ福）	Hitoshi Niizuma
	波多野芳紀	（株式会社日本インシーク）	Yoshinori Hatano
	初森野花	（株式会社一隅舎）	Yaoi Hatsumori
	平田朋子	（株式会社日建ハウジングシステム）	Tomoko Hirata
	間瀬京子	（株式会社隈研吾建築都市設計事務所）	Kyoko Mase
	山口譲二	（株式会社背景計画研究所）	Joji Yamaguchi

監　修	篠沢健太（工学院大学）　Kenta Shinozawa
全体編集	八色宏昌
編　集	丸山英幸

執筆担当

序　章	丸山英幸	第三章	浦野哲也
第一章	丸山英幸		川崎鉄平
第二章	大橋幸雄		小林捨象
	高橋　彩		四戸香織
	新妻　仁		初森野花
	平田朋子		山口譲二
	間瀬京子		

助言・協力

内藤英四郎（株式会社都市ランドスケープ）　Eishiro Naito
福岡孝則　（東京農業大学）　Takanori Fukuoka

ランドスケープアーキテクトになる本Ⅱ【改訂第3版】

2022年3月15日発行
編　著／一般社団法人ランドスケープアーキテクト連盟（JLAU）
（http://jlau.or.jp/）

発行者／丸茂 喬
表紙・装丁デザイン／村上 和
DTP／丸茂弘之（株式会社マルモ出版）

発行所／株式会社マルモ出版
〒154-0017 東京都世田谷区世田谷1-48-10
GranDuo 世田谷Ⅶ 102号
TEL. 03-6432-6026　FAX. 03-6432-6045
Web：**http://www.marumo-p.co.jp/**

印刷・製本／株式会社ディグ

ISBN 978-4-944091-73-7
Printed in Japan